高尾山の野草313種

歩きながら出会える花の手描き図鑑

開 誠 文・絵

近代出版

はじめに

　高尾山を訪れる人は年間250万人とも300万人ともいわれています。私もこの10年間、高尾山ファンとして各コースを歩いてきました。以前と同様に観光目的の人や登山の人も多いのですが、最近は特に山頂を目指すわけでもなく、四季の自然を感じながらゆっくり歩いている人によく出会います。

　こんな方々と話しをすると、ほとんどの方がもう少し植物の名前を知りたい、そうすれば今よりもっと高尾山歩きを楽しめると言います。この方たちのために簡単に見られ、親しみやすい野草の本を作ろうと思いました。

　この本の特徴は、まず、植物の形がわかりやすいように写真ではなくイラストで示したことです。葉や花の特徴をよく見ていただきたいからです。次に花の咲く季節によって春・夏・秋にまとめ、さらに花の色を4つに分けて探しやすくしました。そして、その花が高尾山のどのコースで見られるかも示しました。

　高尾山で見られる野草は数多くありますが、この本では普通のコースで見られる野草だけを取り上げ、まれにしか見られないものや危険な場所にしかないものについては省きました。

　本書に掲載した野草は、このうち最近5～6

年間に著者自身が見たものに限りましたが、参考として、著者には見つけられなかった野草のうちのいくつかも入れました。

　野草の解説もごく一般的な内容としました。さらに詳しく知りたい方は、多くのすぐれた植物図鑑が出版されていますので、それらを参考にしていただきたいと思います。

　本書の作製にあたり多くの方々の協力をいただきました。この場を借りてお礼の気持ちを述べたいと思います。まず、本書を作るきっかけを与えてくださった、著者の主宰する植物教室の生徒さんたち、一緒に高尾山の調査に加わってくださった方々、そしていつも厳しい助言や激励をしてくれた妻テルに心から感謝したいと思います。

　また、著者の意図を理解し暖かくご指導していただいた小林栄三、菅原律子、神原文の各氏、校正にあたって多くの助言をいただいた村田光崇氏に感謝の気持ちを伝えたいと思います。

　もし、高尾山でこの本を片手に野草を調べながら歩いている皆様に出会えたらどんなに嬉しいことでしょう。

　　2004年夏　　　　　　　　　　　　開　　誠

この本の使い方

〔季節の分類〕

2月～5月に花の咲くものを「春」、6月～9月に咲くものを「夏」、9月以降に咲くものを「秋」に分類しました。季節をまたがって咲くものについては、花の最盛期の季節に入れました。実際に本書を使うとき、たとえば春で見つからないときは、夏も見てください。

〔花の色の分類〕

黄系・紅紫青系・白系・その他の4つに分けてあります。たとえば、ほとんど白の花ですが時に薄い紫が入るような花の場合、まず「白系」を調べ、そこにないときには「紅紫青系」も見てください。「その他」は、ほとんどが薄緑色ですが、いろいろな色をもつ花も「その他」に入れました。

〔高尾山のコース〕

コースは次頁の地図のとおりですが、ページごとに示すコース名は略号で示しました。各号コースは「1号」から「6号」で示しました。5号については紅葉台周辺の山道や草地も含みます。稲荷山コースは「稲荷」とし、梅郷コースと蛇滝コースは周辺の林道や草地も入れて「梅蛇」としました。いろはの森（学習の森）コースは、都道から日影沢沿いの林道や途中の林道なども含め「日影」としました。

各頁のコースのうち色のついたところが野草の見られるコースです。

〔野草の分類名〕

野草の中には、分類名が本によって異なるものもあります。本書では『野に咲く花』（林弥栄監修, 山と渓谷社）および『山に咲く花』（畔上能力編・解説, 山と渓谷社）によりました。

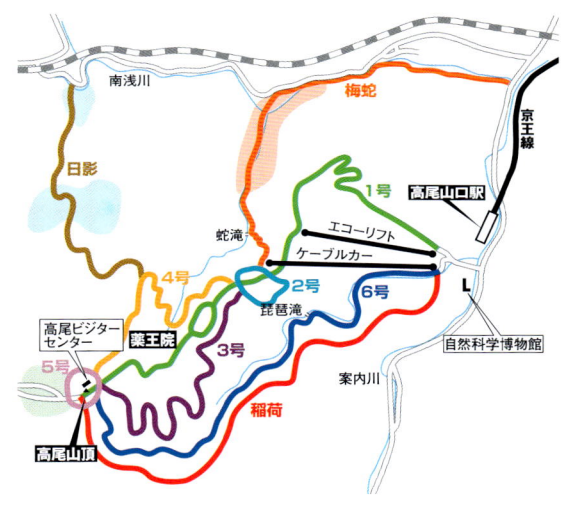

1号：参道と呼ばれ薬王院を経て山頂へ。沢伝いの道では多種類の野草がみられます。

2号：常緑と落葉樹が混ざり野草も変化が多い道です。

3号：中腹を蛇行し、半日陰を好む野草が多い道です。

4号：地形が変化に富み、多種類の野草が楽しめます。

5号：山頂を円周する道は野草が見やすく、紅葉台付近は日当たりを好む野草が多く見られます。

6号：沢伝いを登り山頂下へ。湿ったところを好む野草の宝庫で、春夏秋とも見てみたい道です。

稲荷：尾根伝いに山頂下へ。日当たりや風通しが良く、他のコースとは異なる種類の野草が見られます。

梅蛇：人家に近いところは外来種の野草も多く、蛇滝下一帯は多種類の野草が豊富に見られます。

日影：沢伝いの林道は野草観察の最適環境です。山道に入ると多種類の樹木も楽しめます。

目　次

●春咲く野草　　1

黄色系の花	2
紅紫青色系の花	34
白色系の花	75
その他の色の花	103

●夏咲く野草　　113

黄色系の花	114
紅紫青色系の花	126
白色系の花	171
その他の色の花	191

●秋咲く野草　　213

黄色系の花	214
紅紫青色系の花	231
白色系の花	273
その他の色の花	300

黄色系の花 …………………… 2
紅紫青色系の花 …………… 34
白色系の花 ………………… 75
その他の色の花 …………… 103

春 フキ

蕗

黄色系

フキノトウ

高さ 15~25cm

高さ 40~50cm

葉柄 50~60cm　葉 15~30cm

キク科。花は3～5月。淡黄緑色の苞に包まれた花茎が「フキノトウ」といわれ山菜の王さま。葉柄はキャラブキにして食べ、人気があります。高尾山でもよく見られますが農家の庭などにもたくさん生えています。

| 見られる所 | 1号 | 2号 | 3号 | 4号 | 5号 | 6号 | 稲荷 | 梅蛇 | 日影 |

ニガナ

苦菜

花 1.5cm
高さ 30〜50cm
葉 3〜10cm

黄色系

キク科。花は5〜7月。葉や茎を切ると黄色い液が出ます。この液をなめると苦味があるので苦菜です。舌状花は普通5枚ですが、4枚や6枚のものもたまにあります。日当たりのよいところに生えています。

| 見られる所 | 1号 | 2号 | 3号 | 4号 | 5号 | 6号 | 稲荷 | 梅蛇 | 日影 |

春

ジシバリ

地縛り

黄色系

花2～2.5cm
葉1～3cm

キク科。花は4～6月。パッと開いた花が印象的です。ほんの少しでも土があれば岩の上でも生えるので、イワニガナ（岩苦菜）の名もあります。日当たりのよい岩場などを探してみてください。

| 見られる所 | 1号 | 2号 | 3号 | 4号 | 5号 | 6号 | 稲荷 | 梅蛇 | 日影 |

ノゲシ

野罌粟

黄色系 春

花 2cm

15〜25cm

高さ 50〜100cm

オニノゲシの葉の基部

キク科。花は4〜7月。葉は軟らかく刺に触っても痛くありませんが、よく似たオニノゲシ（ヨーロッパ原産）は葉が厚く光沢があり触ると痛いです。葉の基部が三角型ならノゲシ、丸型ならオニノゲシの見分け方もあります。

| 見られる所 | 1号 | 2号 | 3号 | 4号 | 5号 | 6号 | 稲荷 | 梅蛇 | 日影 |

春

カントウタンポポ

関東蒲公英

黄色系

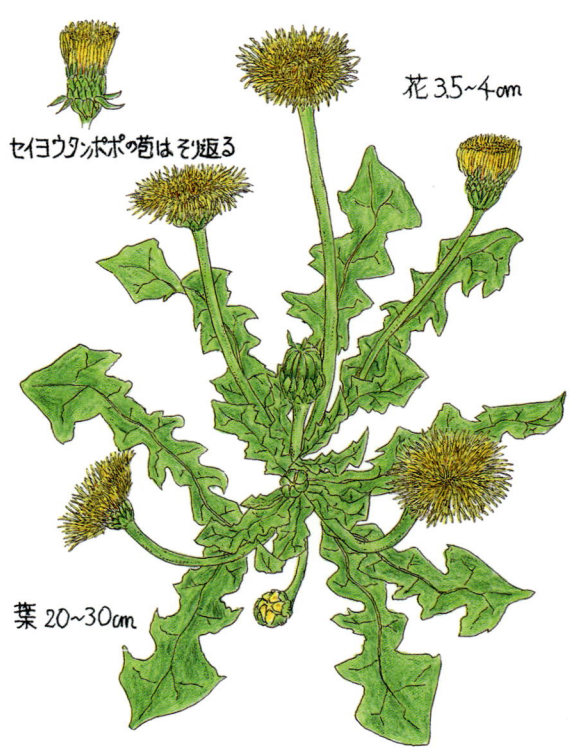

セイヨウタンポポの苞はそり返る

花 3.5~4cm

葉 20~30cm

キク科。花は3〜5月。街の中の空き地でもお馴染みの草です。見ているもののほとんどはセイヨウタンポポ（西洋蒲公英）かもしれません。こちらは新造成地などに多いようです。見分け方は総苞片の反りかえりです。

| 見られる所 | 1号 | 2号 | 3号 | 4号 | 5号 | 6号 | 稲荷 | 梅蛇 | 日影 |

コオニタビラコ

小鬼田平子

春

黄色系

花 1cm
茎 5〜25cm
葉 4〜10cm

キク科。花は 3 〜 5 月。若菜は食べられます。春の七草のホトケノザはこのコオニタビラコのことで、シソ科のホトケノザ（P.34）ではありません。よく似たヤブタビラコは全体に大きく軟らかです。

| 見られる所 | 1号 | 2号 | 3号 | 4号 | 5号 | 6号 | 稲荷 | 梅蛇 | 日影 |

ハハコグサ

母子草

黄色系

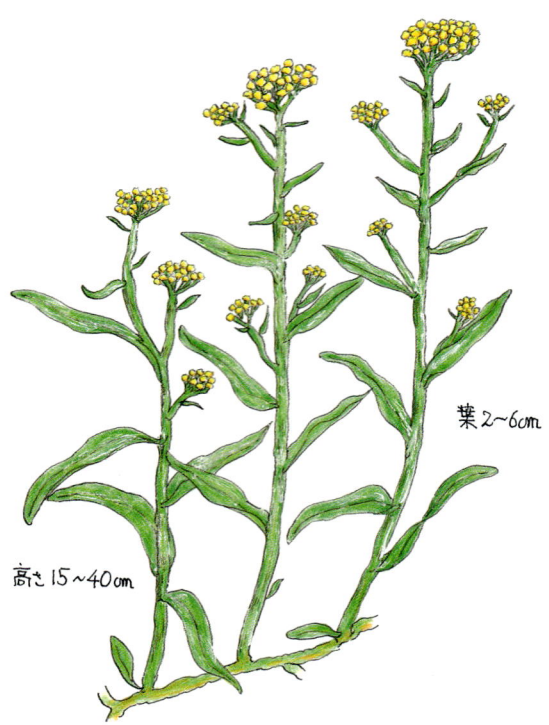

葉2〜6cm
高さ15〜40cm

キク科。花は4〜6月。高尾山にもいっぱいありますが、街の中でもいたるところで見られます。春の七草のオギョウ（御形）はこれのことです。チチコグサと比べて見てください。母はきれいで父はきたない感じがします。

| 見られる所 | 1号 | 2号 | 3号 | 4号 | 5号 | 6号 | 稲荷 | 梅蛇 | 日影 |

チチコグサ

父子草

春

黄色系

高さ8〜20cm

葉3〜10cm

キク科。花は5〜10月。ときどきハハコグサと並んで生えていることがあります。花の色がやや褐色がかってきたならしく、何となく痩せていて生きる苦労を感じさせますが、秋まで咲く長生きが救いです。

| 見られる所 | 1号 | 2号 | 3号 | 4号 | 5号 | 6号 | 稲荷 | 梅蛇 | 日影 |

春 クサノオウ

瘡の王

黄色系

花2cm

高さ30~80cm

ケシ科。花は5～7月。葉や茎を切ると黄色い液が出ます。名の由来は3説。皮膚病に効くので「瘡の王」。黄色い液が出るので「草の黄」。薬草の王さまなので「草の王」。日当たりのよいところに生えています。

| 見られる所 | 1号 | 2号 | 3号 | 4号 | 5号 | 6号 | 稲荷 | 梅蛇 | 日影 |

ミヤマキケマン

深山黄華鬘

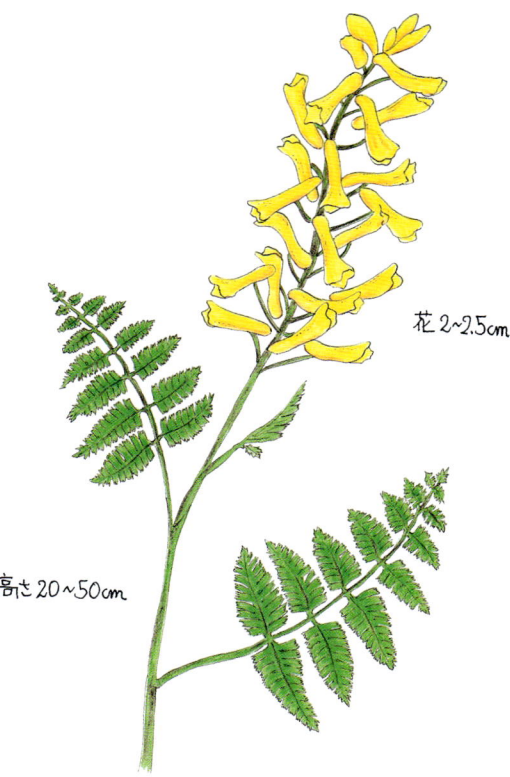

花 2〜2.5cm

高さ 20〜50cm

黄色系

ケシ科。花は4〜5月。葉や茎を傷つけると黄色い液が出て嫌な臭いがします。名には深山とつきますがあまり高い山にはありません。華鬘とは仏堂の欄間などを飾る装飾道具のことです。

| 見られる所 | 1号 | 2号 | 3号 | 4号 | 5号 | 6号 | 稲荷 | 梅蛇 | 日影 |

春 ヤマブキソウ

山吹草

花 4〜5cm

高さ 30〜40cm

ケシ科。花は4〜6月。一見しただけでは花も葉もよく似ているヤマブキと見間違いますが、花弁が4枚（ヤマブキは5枚）です。ケシ科は葉や茎から液が出るものが多いのですが、ヤマブキソウも橙黄色の液が出ます。

| 見られる所 | 1号 | 2号 | 3号 | 4号 | 5号 | 6号 | 稲荷 | 梅蛇 | 日影 |

フクジュソウ 春

福寿草

花 3~6cm

黄色系

高さ 10~25cm

キンポウゲ科。花は 3 ～ 4 月。江戸時代から人気のあった花のひとつで園芸品種もたくさん作られました。春のキンポウゲ科の野草は多彩なメンバーを揃え、春の野草ファッション界のリーダーといえます。

見られる所	1号	2号	3号	4号	5号	6号	稲荷	梅蛇	日影
								■	■

春 ウマノアシガタ

馬の脚形

黄色系

花1.5〜2cm

高さ30〜60cm

キンポウゲ科。花は4〜5月。光沢があり黄色に輝く花弁が印象的。やや乾いた日当たりのよいところに生えています。名は根生葉の形が馬蹄に似ているからといわれています。キンポウゲ（金鳳花）の呼び方でも親しまれています。

見られる所	1号	2号	3号	4号	5号	6号	稲荷	梅蛇	日影
					5号		稲荷		

ケキツネノボタン
毛狐の牡丹

花 1〜1.2cm

高さ40〜60cm

黄色系

キンポウゲ科。花は3〜7月。葉がボタン（牡丹）の葉に似ているのでこの名があります。そっくりのキツネノボタン（狐の牡丹）は茎に毛がありません。やや湿った道端などに生えています。

| 見られる所 | 1号 | 2号 | 3号 | 4号 | 5号 | 6号 | 稲荷 | 梅蛇 | 日影 |

タガラシ

田辛し

黄色系

花 0.8〜1cm

高さ 30〜60cm

キンポウゲ科。花は4〜5月。水田のある郊外に行くといくらでも見られます。葉を噛むと辛味がしますが有毒なので気をつけてください。辛いので田辛しですが、田枯らしの説もあります。

見られる所	1号	2号	3号	4号	5号	6号	稲荷	梅蛇	日影
								梅蛇	日影

セイヨウカラシナ

西洋芥子菜

春

黄色系

花 0.8〜1cm

葉 10〜25cm
下部の葉は30cm

高さ100cm

アブラナ科。花は4〜5月。ヨーロッパ原産。昔は果実からカラシをとる目的で栽培されました。今では土手や河原に群生し春の風物詩です。「菜の花」として花屋さんで売られているものの中にはこれもあります。

見られる所	1号	2号	3号	4号	5号	6号	稲荷	梅蛇	日影

ハタザオ

旗竿

花 数ミリ

高さ 50〜80cm

葉 3〜14cm

アブラナ科。花は4〜6月。正に旗竿です。たいてい道から離れたところに生えているので近くで見られませんが、上に黄白色の花が咲きます。この野草は名も形も特徴がありますから一度で覚えられます。

| 見られる所 | 1号 | 2号 | 3号 | 4号 | 5号 | 6号 | 稲荷 | 梅蛇 | 日影 |

イヌガラシ

犬芥子

花 0.4〜0.5cm

高さ 20〜50cm

黄色系

アブラナ科。花は4〜9月。山の道端などでよく見られます。よく似たスカシタゴボウ（透し田牛蒡）は、葉の切れ込みが深くて荒く、そこがイヌガラシとの大きな違いです。

見られる所	1号	2号	3号	4号	5号	6号	稲荷	梅蛇	日影

カキネガラシ

垣根芥子

花 0.4〜0.5cm
高さ 40〜80cm
下部の葉 20〜25cm

アブラナ科。花は4〜6月。ヨーロッパ原産。枝が腕を広げたように横に突き出した形がおもしろいので目につきます。街の中の日当たりのよい空き地などにも生えています。

| 見られる所 | 1号 | 2号 | 3号 | 4号 | 5号 | 6号 | 稲荷 | 梅蛇 | 日影 |

ヘビイチゴ 春

蛇苺

花 1.2~1.5cm

黄色系

葉 2~3.5cm

果実

茎は地を這ってのびる

バラ科。花は4～5月。野原で真っ赤な果実を見たことがあると思います。見た目は美味しそうですが味がありません。やや湿ったところに生えています。よく似たヤブヘビイチゴも高尾山ではよく見られます。

見られる所	1号	2号	3号	4号	5号	6号	稲荷	梅蛇	日影

春 キジムシロ

雉蓆

花1.5〜2cm

茎の広がり40〜50cm

黄色系

バラ科。花は4〜5月。茎が放射状に広がっているのでわかりやすく、この形を雉の巣にたとえた名です。ところが花が終わると葉や茎は急に変身し、名の面影は全くなくなります。赤い果実はつきません。

| 見られる所 | 1号 | 2号 | 3号 | 4号 | 5号 | 6号 | 稲荷 | 梅蛇 | 日影 |

オヘビイチゴ

雄蛇苺

春

黄色系

花0.8〜1cm

茎は立上がり高さ15〜20cm

バラ科。花は4〜5月。名はヘビイチゴですが、分類上はキジムシロに近い仲間で赤い果実もつきません。見分け方は、オヘビイチゴの葉は5裂しますが、ヘビイチゴは3裂するところです。

| 見られる所 | 1号 | 2号 | 3号 | 4号 | 5号 | 6号 | 稲荷 | 梅蛇 | 日影 |

春 ネコノメソウ

猫の目草

黄色系

葉 0.5〜2cm

高さ 5〜20cm

ユキノシタ科。花は4〜5月。どうしてこの名かという理屈はともかく、上から見ると確かに猫の目に見えます。犬でもライオンでもなくやはり猫の目です。沢沿いの湿った林の下などに生えています。

見られる所	1号	2号	3号	4号	5号	6号	稲荷	梅蛇	日影
				●					

ヨゴレネコノメ
汚れ猫の目

葉 1~5cm

高さ 5~15cm

黄色系

ユキノシタ科。花は3～5月。葉が褐色を帯びて汚れたように見えるのでこの名があります。ネコノメソウと同じところに生えているときがあるので比べてください。「野良猫の目」と表現した人がいました。

見られる所	1号	2号	3号	4号	5号	6号	稲荷	梅蛇	日影
					5号				

春

ナツトウダイ

夏灯台

黄色系

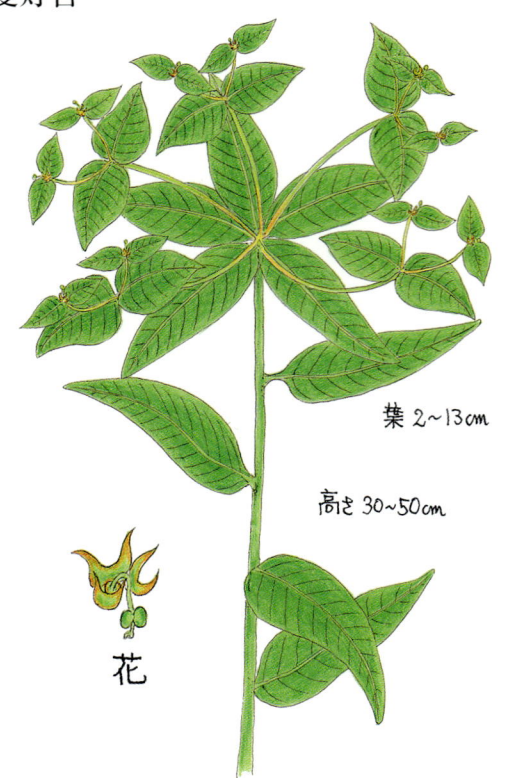

葉 2〜13cm
高さ 30〜50cm
花

トウダイグサ科。花は4〜5月。名に夏がついていますがトウダイグサの仲間では一番早く春に咲きます。花そのものは小さく目立ちませんが、色合いや形がおもしろいので人気者です。茎を切ると白い液が出ます。

| 見られる所 | 1号 | 2号 | 3号 | 4号 | 5号 | 6号 | 稲荷 | 梅蛇 | 日影 |

トウダイグサ

灯台草

春

黄色系

葉 1〜3cm

花

高さ 20〜40cm

トウダイグサ科。花は4〜5月。名は明かりをともす灯台に似ていることからです。日当たりのよいところに生えています。よく似たタカトウダイは6〜7月に花が咲き、大きい（高さ30〜80cm）ので見分けられます。

見られる所	1号	2号	3号	4号	5号	6号	稲荷	梅蛇	日影

ノウルシ

野漆

黄色系

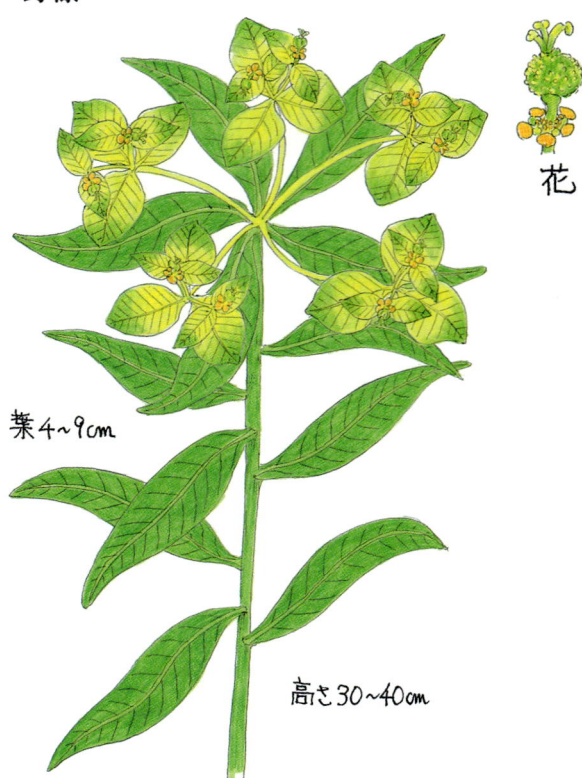

花

葉4〜9cm

高さ30〜40cm

トウダイグサ科。花は4〜5月。名は茎を切ると出る乳液が、ウルシのようにかぶれることからつきました。やや湿った川岸などに群生します。よく似たナットウダイ、トウダイグサとの違いを見比べてください。

| 見られる所 | 1号 | 2号 | 3号 | 4号 | 5号 | 6号 | 稲荷 | 梅蛇 | 日影 |

キリンソウ

麒麟草

春

黄色系

葉4〜9cm

高さ30〜40cm

ベンケイソウ科。花は5〜7月。生えている環境によって高さや葉の大きさ、葉の間隔がかなり違いますから注意して見てください。黄色の花が咲くので黄麟草の書き方もあります。日当たりのよい草地などに生えています。

| 見られる所 | 1号 | 2号 | 3号 | 4号 | 5号 | 6号 | 稲荷 | 梅蛇 | 日影 |

春

メノマンネングサ

雌の万年草

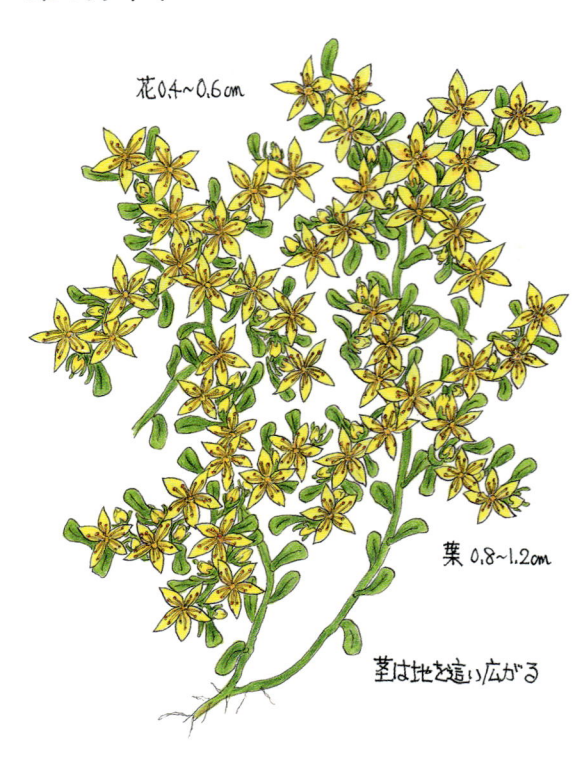

黄色系

花 0.4〜0.6cm

葉 0.8〜1.2cm

茎は地を這い広がる

ベンケイソウ科。花は5〜6月。街路の石垣の下などを鮮やかな黄色で彩っているのはこのマンネングサの仲間のことが多いのです。高尾山では他のマンネングサも見られます。

| 見られる所 | 1号 | 2号 | 3号 | 4号 | 5号 | 6号 | 稲荷 | 梅蛇 | 日影 |

カタバミ

傍食

花 0.8cm

葉 1cm

高さ 10~30cm

黄色系

カタバミ科。花4〜9月。葉や茎に蓚酸を含み、噛むと酸味を感じます。昔はどこででも見られたのですが最近は少ないように感じます。花も葉も小さく、赤褐色のものはアカカタバミ（赤傍食）といいます。

| 見られる所 | 1号 | 2号 | 3号 | 4号 | 5号 | 6号 | 稲荷 | 梅蛇 | 日影 |

春

キンラン

金蘭

黄色系

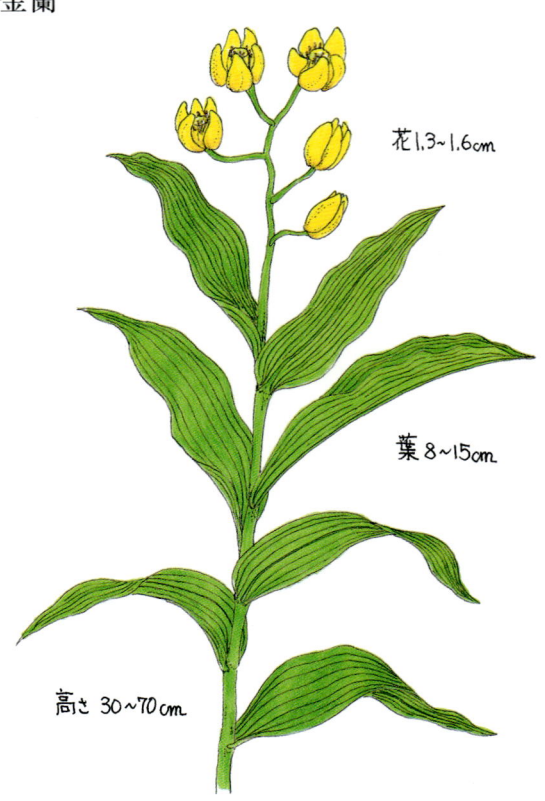

花1.3~1.6cm

葉8~15cm

高さ30~70cm

ラン科。花は4～6月。艶のある黄色の丸みを帯びた花はキンランの名にピッタリです。高尾山には白い花のギンラン（銀蘭）もありますが、両方ともに山道沿いで見つけるのはむずかしいようです。

| 見られる所 | 1号 | 2号 | 3号 | 4号 | 5号 | 6号 | 稲荷 | 梅蛇 | 日影 |

セキショウ

石菖

春

黄色系

花穂5〜10cm

葉20〜50cm

サトイモ科。花は3〜5月。水辺に群生していることが多く、高尾山では見つけづらいかもしれません。常緑で花の形がおもしろいので庭にも植えられています。園芸品には斑入りのものもあります。

見られる所	1号	2号	3号	4号	5号	6号	稲荷	梅蛇	日影
						6号			

春 ホトケノザ

仏の座

紅紫青色系

花1.5〜2cm

葉1〜2cm

高さ10〜30cm

シソ科。花は3〜6月。オオイヌノフグリ（P.47）とともに早春の野草として親しまれています。相撲でいえばオオイヌノフグリは西前頭筆頭、ホトケノザは東前頭筆頭でしょうか。葉は仏様をのせる蓮座を連想させます。

見られる所	1号	2号	3号	4号	5号	6号	稲荷	梅蛇	日影

カキドオシ

垣通し

春

紅紫青色系

花1.5〜2.5cm
葉2〜3cm
茎は地を這い広がる

シソ科。花は4〜5月。花がいっぱい咲くころには茎が立ち上がるので見つけやすいでしょう。花のあと、茎は垣根を通り越してぐんぐんのびます。丸みのある葉は猫の足跡のようでおもしろく感じます。

| 見られる所 | 1号 | 2号 | 3号 | 4号 | 5号 | 6号 | 稲荷 | 梅蛇 | 日影 |

春

ヒメオドリコソウ

姫踊り子草

紅紫青色系

葉 1.5~3cm
花 1~1.2cm

高さ 10~25cm

シソ科。花は4～5月。ヨーロッパ原産。オドリコソウの小型版です。群生している姿はねぶた祭りや阿波踊りなど大勢の若い人が踊る姿を連想させます。よくホトケノザと混同している人がいます。

| 見られる所 | 1号 | 2号 | 3号 | 4号 | 5号 | 6号 | 稲荷 | 梅蛇 | 日影 |

オドリコソウ

踊り子草

春

紅紫青色系

花3~4cm

葉5~10cm

高さ30~50cm

シソ科。花は3～6月。名のとおり笠をかぶった踊り子です。ヒメオドリコソウより格調が高い踊りに見えます。道端の半日陰を探してみてください。花の色が薄いので見過ごす人も多いようです。

見られる所	1号	2号	3号	4号	5号	6号	稲荷	梅蛇	日影
								●	●

春

ジュウニヒトエ

十二単

紅紫青色系

花1cm
葉3~5cm
高さ10~25cm

シソ科。花は4～5月。上下に重なり合った多数の花の輪を十二単にたとえたもので、上手な命名です。全体に長い毛が密生し触るとフワフワした感じがします。色合いも上品で、春の野草の人気者です。

見られる所	1号	2号	3号	4号	5号	6号	稲荷	梅蛇	日影
								梅蛇	日影

キランソウ

金瘡小草

花 1cm

葉 4〜6cm

茎は地を這い
放射状に広がる
30〜50cm

紅紫青色系

シソ科。花は3〜5月。がっしりと地面をつかんで這いつくばる姿が別名のジゴクノカマノフタ（地獄の釜の蓋）になりました。鮮やかな青紫色の花は見る人の心を捉えます。

見られる所	1号	2号	3号	4号	5号	6号	稲荷	梅蛇	日影

オウギカズラ

扇葛

紅紫青色系

花 2.5cm

高さ 8~20cm

葉 2~5cm

シソ科。花は4～5月。葉は扇に似ています。やや湿った林のふちなどに生えていますが、前年生えていたところを次の年に見てもないことがよくあります。自分で移動したのでしょうか、心無い人にとられてしまったのでしょうか…。

| 見られる所 | 1号 | 2号 | 3号 | 4号 | 5号 | 6号 | 稲荷 | 梅蛇 | 日影 |

ラショウモンカズラ

羅生門葛

春

紅紫青色系

花4~5cm

葉2~5cm

高さ20~30cm

シソ科。花は4～5月。立派な名です。紫色の大きく太い花を、平安時代の武士渡辺綱が羅生門で切り落としたとされる鬼の腕にたとえたものです。湿った林のふちなどに生えています。

| 見られる所 | 1号 | 2号 | 3号 | 4号 | 5号 | 6号 | 稲荷 | 梅蛇 | 日影 |

春 タツナミソウ

立浪草

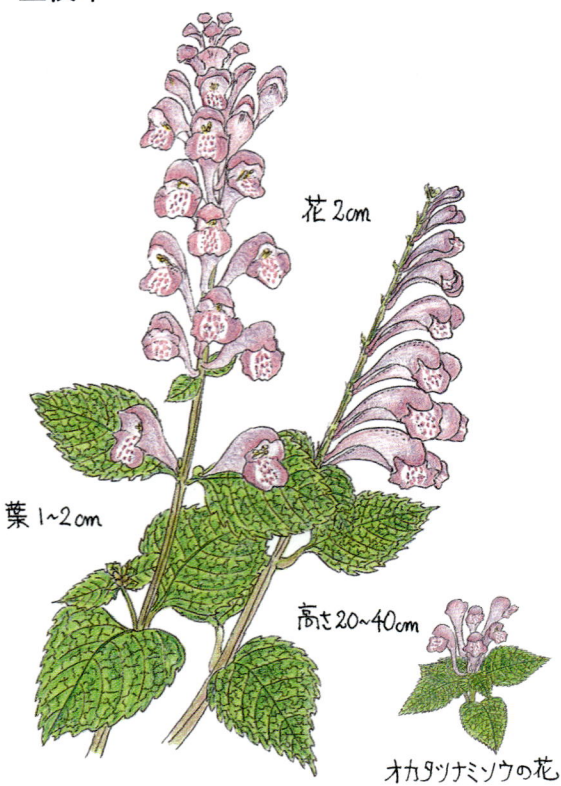

紅紫青色系

花2cm

葉1〜2cm

高さ20〜40cm

オカタツナミソウの花

シソ科。花は4〜6月。花が片側を向いて咲く様子を泡立つ波に見立てた名です。よく似たオカタツナミソウ（丘立浪草）は花が上だけにかたまってつきます。高尾山では小ぶりで毛の多いコバノタツナミ（小葉の立浪）がよく見られます。

見られる所	1号	2号	3号	4号	5号	6号	稲荷	梅蛇	日影
								●	●

ヤマルリソウ

山瑠璃草

春

紅紫青色系

花 1cm
葉 7〜12cm
高さ 7〜20cm

ムラサキ科。花は4〜5月。谷沿いの林の中などに生えているので林の中を覗きこんで探してください。おもしろいことに花の咲きはじめはピンクですが、だんだんと青紫色（瑠璃色）に変化します。

見られる所	1号	2号	3号	4号	5号	6号	稲荷	梅蛇	日影
									✓

春

キュウリグサ

胡瓜草

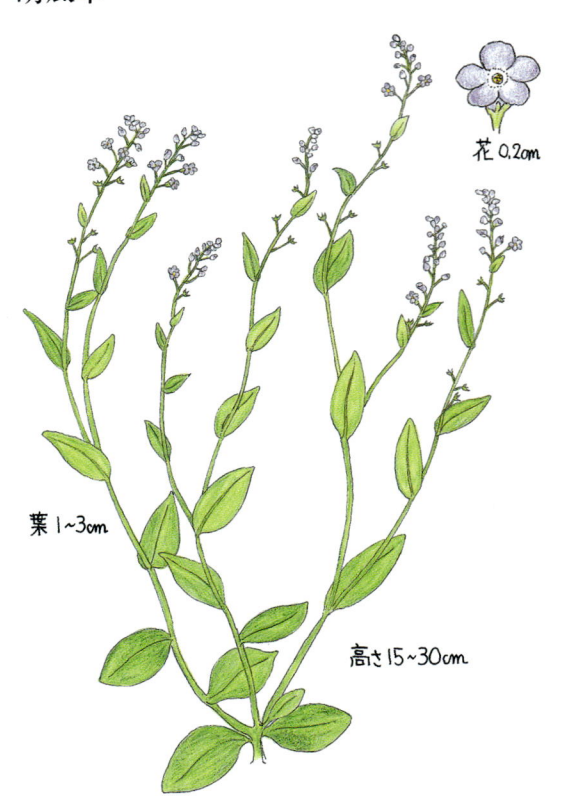

紅紫青色系

花 0.2cm

葉 1~3cm

高さ 15~30cm

ムラサキ科。花は 3～5 月。山より街の道端のほうが見つけやすい野草です。葉や茎をもむとわずかにキュウリの匂いがします。紫色の小さな花は目立ちませんがよく見るとかわいい花です。

| 見られる所 | 1号 | 2号 | 3号 | 4号 | 5号 | 6号 | 稲荷 | 梅蛇 | 日影 |

ハナイバナ

葉内花

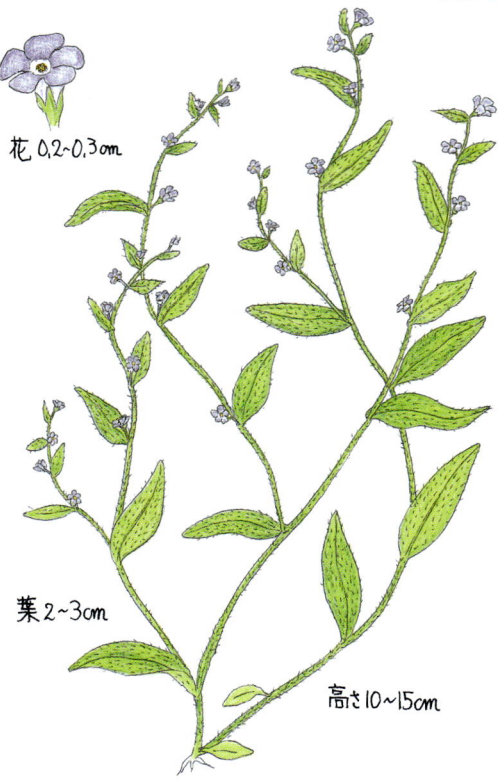

春

紅紫青色系

花 0.2~0.3cm

葉 2~3cm

高さ 10~15cm

ムラサキ科。花は 3 ～11月。葉と葉の間に花をつけることが名の由来です。キュウリグサと同じような小さな花ですが、見つけた人は「かわいい！」といいます。街の道端にも生えています。

見られる所	1号	2号	3号	4号	5号	6号	稲荷	梅蛇	日影
	1号					6号		梅蛇	日影

春 クワガタソウ

鍬形草

紅紫青色系

花0.8~1.3cm

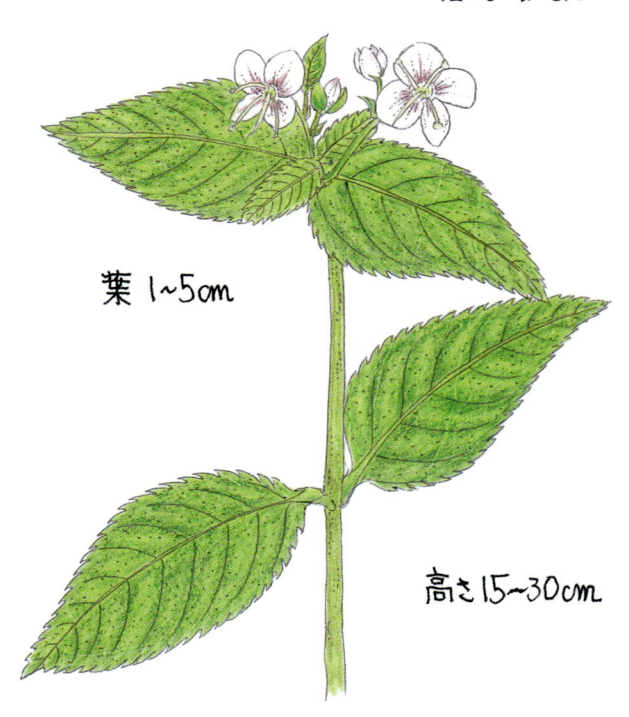

葉 1~5cm

高さ15~30cm

ゴマノハグサ科。花は5〜6月。林の下の湿ったところに生えます。花はオオイヌノフグリの花と感じが似ていますが、同じゴマノハグサ科の野草だからです。名は果実に残るがく片の形が兜の鍬形に似ていることからです。

| 見られる所 | 1号 | 2号 | 3号 | 4号 | 5号 | 6号 | 稲荷 | 梅蛇 | 日影 |

オオイヌノフグリ

大犬の陰嚢

花0.8~1cm

葉0.7~1.8cm

茎は地を這うように広がる

紅紫青色系

ゴマノハグサ科。花は2～5月。ユーラシア・アフリカ原産。道端に群生して寒い時期でもお日様が出ていれば花を咲かせます。私はこの花を"道端のサファイア"と呼んでいますが、果実の形からつけられた名はちょっとかわいそうですね。

見られる所	1号	2号	3号	4号	5号	6号	稲荷	梅蛇	日影
	●						●	●	●

ムラサキサギゴケ

紫鷺苔

紅紫青色系

花 1.5〜2cm

葉 4〜7cm

茎は地を這うように広がる

ゴマノハグサ科。花は4〜5月。やや湿ったところに生え、花は鷺が飛んでいるように見えます。白い花のものは単にサギゴケで、よく似ているトキワハゼ（常磐はぜ）は11月ころまで咲き、茎は立ち上がります。

| 見られる所 | 1号 | 2号 | 3号 | 4号 | 5号 | 6号 | 稲荷 | 梅蛇 | 日影 |

ハシリドコロ

走野老

紅紫青色系

花 2cm

葉 6〜18cm

高さ 30〜60cm

ナス科。花は3〜5月。湿ったところに生えます。葉が野菜みたいでおいしそうにみえますが猛毒で、誤ってこれを食べるとところかまわず走り回るというのがハシリの由来です。トコロは根がヤマノイモ科のオニドコロに似ていることからです。

| 見られる所 | 1号 | 2号 | 3号 | 4号 | 5号 | 6号 | 稲荷 | 梅蛇 | 日影 |

春 ノアザミ

野薊

紅紫青色系

花4〜5cm

高さ50〜100cm

キク科。花は5〜8月。春に咲くアザミはこのノアザミだけですから見分けは簡単です。葉のふちには鋭い刺があります。草地などで見られます。切花用のハナアザミはこのノアザミから作られた園芸種です。

| 見られる所 | 1号 | 2号 | 3号 | 4号 | 5号 | 6号 | 稲荷 | 梅蛇 | 日影 |

ハルジオン

春紫苑

（図中の書き込み）
- 花 2〜2.5cm
- 舌状花は150〜200枚
- 蕾は垂れる
- 葉は茎を抱く
- 高さ 60〜80cm

紅紫青色系

キク科。花は5〜7月。北アメリカ原産。よく似たヒメジョオン（P.131）との簡単な見分け方は、ハルジオンは蕾が垂れることで、一番確実な見分け方は茎を切ると空洞になっていることです。

見られる所	1号	2号	3号	4号	5号	6号	稲荷	梅蛇	日影
					●				

春

ムラサキケマン

紫華鬘

紅紫青色系

花 1.2〜1.8cm

高さ 20〜50cm

ケシ科。花は4〜6月。街の中でもよく見かけます。全体に軟らかで葉は細かく切れ込みます。5月頃フワフワと飛んでいるウスバシロチョウの食草で、ヤブケマン（藪華鬘）の呼び方もあります。

| 見られる所 | 1号 | 2号 | 3号 | 4号 | 5号 | 6号 | 稲荷 | 梅蛇 | 日影 |

ジロボウエンゴサク

次郎坊延胡索

春

紅紫青色系

花 1.2〜2.2cm

高さ 10〜20cm

ケシ科。花は4〜5月。昔、子どもがスミレを太郎坊、こちらを次郎坊と呼び、花の後ろに出ている距（でっぱり）を引っ掛けて遊んだことからの名です。よく似たヤマエンゴサク（山延胡索）は葉に深い切れ込みがあります。

見られる所	1号	2号	3号	4号	5号	6号	稲荷	梅蛇	日影
								●	●

53

春

イナモリソウ

稲守草

紅紫青色系

花2.5cm

葉3～6cm

高さ3～10cm

アカネ科。花は5～6月。この花を見に来ましたという人によく出会います。でもなかなか見つからないようです。名は三重県菰野山の稲守谷で最初に発見されたことからつきました。

| 見られる所 | 1号 | 2号 | 3号 | 4号 | 5号 | 6号 | 稲荷 | 梅蛇 | 日影 |

エイザンスミレ

叡山菫

紅紫青色系

花2cm

高さ10~13cm

スミレ科。花は3〜4月。山道脇のエイザンスミレを見つけ、座り込んで写真を撮っている人をよく見かけます。葉が他のスミレと異なり大きな切れ込みがあるからでしょうか。比叡山で最初に発見されたので叡山とつきました。

見られる所	1号	2号	3号	4号	5号	6号	稲荷	梅蛇	日影

春 スミレ

菫

紅紫青色系

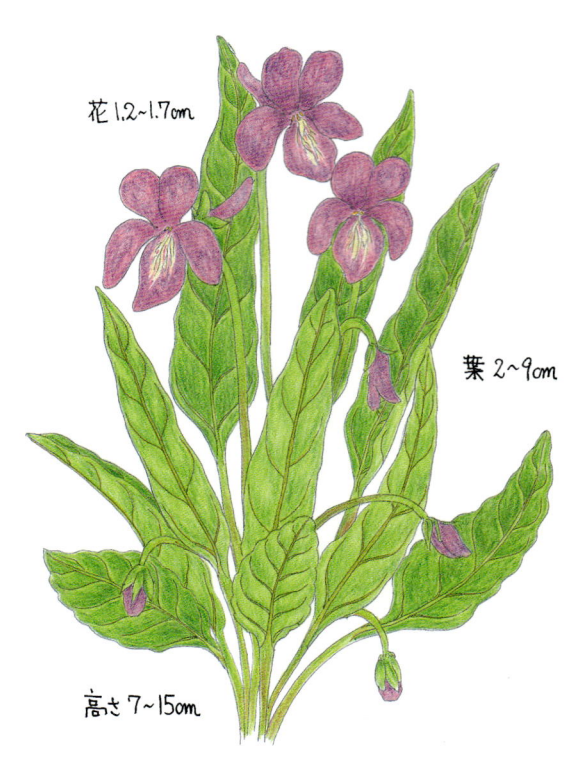

花 1.2〜1.7cm

葉 2〜9cm

高さ 7〜15cm

スミレ科。花は4〜5月。石垣の間などにも咲いているのをよく見ます。花が終わったあと葉は急に大きくなり、まるで1年間会わなかった中学生みたいな変わりようです。スミレは「春を告げる花」といわれます。

見られる所	1号	2号	3号	4号	5号	6号	稲荷	梅蛇	日影
	1号				5号			梅蛇	日影

タチツボスミレ

立坪菫

花 0.8~1.2cm

葉 2~3cm

高さ 10~13cm

紅紫青色系

スミレ科。花は3～5月。スミレの仲間では普通に見られる花のひとつです。花が終わると急に葉が大きくなり20～30cmにも達します。高尾山にはスミレの仲間はいっぱいありますが3種のみ紹介しました。

| 見られる所 | 1号 | 2号 | 3号 | 4号 | 5号 | 6号 | 稲荷 | 梅蛇 | 日影 |

春 ショカツサイ

諸葛菜

紅紫青色系

花 2~3cm

高さ 30~80cm

アブラナ科。花は4～5月。線路周りの土手などに咲いていて、花の最盛期には通勤電車のサラリーマンの顔がいっせいに動くほど目を引きます。別名はオオアラセイトウ、ムラサキハナナ、ハナダイコンなど。

見られる所	1号	2号	3号	4号	5号	6号	稲荷	梅蛇	日影

カテンソウ

花点草

春

紅紫青色系

葉 1～3cm

高さ 10～30cm

イラクサ科。花は4～5月。林のふちの湿ったところに生えています。雌花は低く小さく、正に花点です。雄花は葉の上まで花柄を伸ばして咲きますが、それでも気がつかず通り過ぎる人がほとんどです。

| 見られる所 | 1号 | 2号 | 3号 | 4号 | 5号 | 6号 | 稲荷 | 梅蛇 | 日影 |

春 オダマキ

苧環

紅紫青色系

花4~5cm

高さ40~50cm

キンポウゲ科。花は4〜7月。オダマキは山野に生えるミヤマオダマキの園芸品種です。私の見たオダマキは誰かが植えたものかもしれません。苧環とは紡いだ麻糸を円く巻きつけたもののことです。

| 見られる所 | 1号 | 2号 | 3号 | 4号 | 5号 | 6号 | 稲荷 | 梅蛇 | 日影 |

コチャルメルソウ

春

小哨吶草

紅紫青色系

高さ 20~30cm

葉 2~5cm

ユキノシタ科。花は4〜6月。谷沿いの湿った危険なところに生えていることが多く、チャルメル形の花は近くで観察できません。チャルメルとは中国の笛のことで、花がそれに似ていることからの名です。

| 見られる所 | 1号 | 2号 | 3号 | 4号 | 5号 | 6号 | 稲荷 | 梅蛇 | 日影 |

春

スズメノエンドウ

雀野豌豆

紅紫青色系

花 0.8~1.2cm

葉 1~1.7cm

つる性 30~60cm

マメ科。花は3～6月。畑の脇などでよく見かけます。細かい葉と葉の先にひげがあるので覚えやすいです。形がよく似ていて大きいカラスノエンドウ（烏野豌豆）、両者の中間のカスマグサもよく見かけます。

見られる所	1号	2号	3号	4号	5号	6号	稲荷	梅蛇	日影
					5号	6号			

ムラサキツメクサ

紫詰草

春

紅紫青色系

花 1.3〜1.5cm

葉 2〜5cm

高さ 20〜60cm

マメ科。花は5〜8月。昔、牧草としてヨーロッパから導入したものが野生化しました。この花で首飾りなどを作って遊んだことのある方も多いことでしょう。花の色からアカツメクサで呼ばれることもあります。

| 見られる所 | 1号 | 2号 | 3号 | 4号 | 5号 | 6号 | 稲荷 | 梅蛇 | 日影 |

春 ムラサキカタバミ

紫傍食

紅紫青色系

花1.5cm

高さ10~20cm

カタバミ科。花は5～7月。南アメリカ原産。道端を飾る定番の野草です。よく似たイモカタバミは芋のように塊茎を作るので区別はできますが、一見しただけでは全く同じようです。

| 見られる所 | 1号 | 2号 | 3号 | 4号 | 5号 | 6号 | 稲荷 | 梅蛇 | 日影 |

カンアオイ

寒葵

春

紅紫青色系

葉 6~10cm

花 2cm

茎は地を這う

ウマノスズクサ科。花は秋から早春。寒いときに花が咲き、常緑なので寒葵の名があります。春の女神といわれるギフチョウ（蝶）の食草としてよく知られています。

| 見られる所 | 1号 | 2号 | 3号 | 4号 | 5号 | 6号 | 稲荷 | 梅蛇 | 日影 |

65

マムシグサ

蝮草

紅紫青色系

果実

高さ 30～60cm

サトイモ科。花は4～6月。形が奇妙なので好きだという人はあまりいないでしょう。茎のまだら模様をマムシにたとえた名です。秋には真っ赤な実がつき目を引きます。「なんの実ですか？」とよく聞かれます。

| 見られる所 | 1号 | 2号 | 3号 | 4号 | 5号 | 6号 | 稲荷 | 梅蛇 | 日影 |

ミミガタテンナンショウ

耳形天南星

耳のように張り出す

高さ40〜60cm

サトイモ科。花は4〜5月。花（仏炎苞）のヘリが耳のように張り出しています。高尾山ではよく見られます。花穂の先についている付属体がうんと長くのびるのはウラシマソウ（浦島草）で、浦島太郎の釣り糸に見立てた名です。

見られる所	1号	2号	3号	4号	5号	6号	稲荷	梅蛇	日影

春 カタクリ

片栗

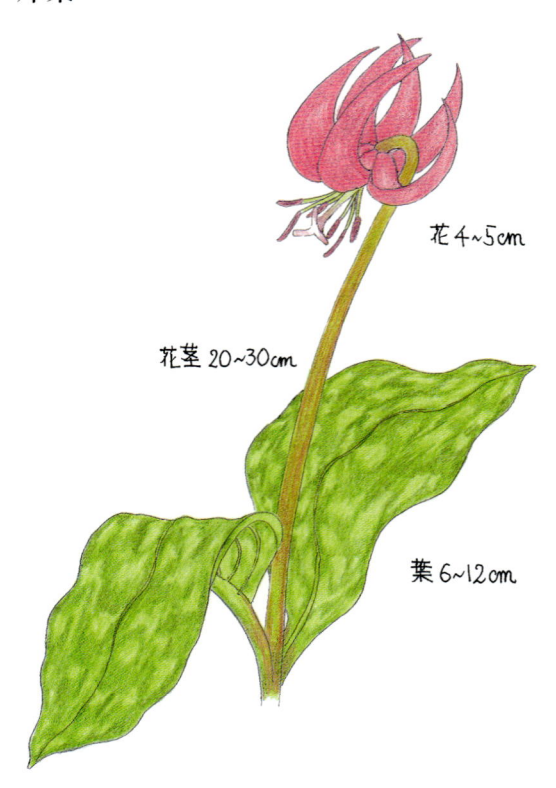

紅紫青色系

花 4~5cm

花茎 20~30cm

葉 6~12cm

ユリ科。花は3～5月。カタクリの花を期待して訪れる人は多いのですが、普通の山道で見ることはほとんどできません。若茎は山菜として人気があり、カタクリの塊茎からとった澱粉が本物の片栗粉です。

見られる所	1号	2号	3号	4号	5号	6号	稲荷	梅蛇	日影

エンレイソウ

延齢草

春

紅紫青色系

花1.5〜2cm
高さ20〜40cm
葉10〜15cm

ユリ科。花は4〜5月。3枚輪生した大きな葉の真ん中にちょこんとつく花がユーモラスです。白い花はシロバナエンレイソウ（白花延齢草）。高尾山では両方見られ、湿った林の中に生えています。

| 見られる所 | 1号 | 2号 | 3号 | 4号 | 5号 | 6号 | 稲荷 | 梅蛇 | 日影 |

春 ノビル

野蒜

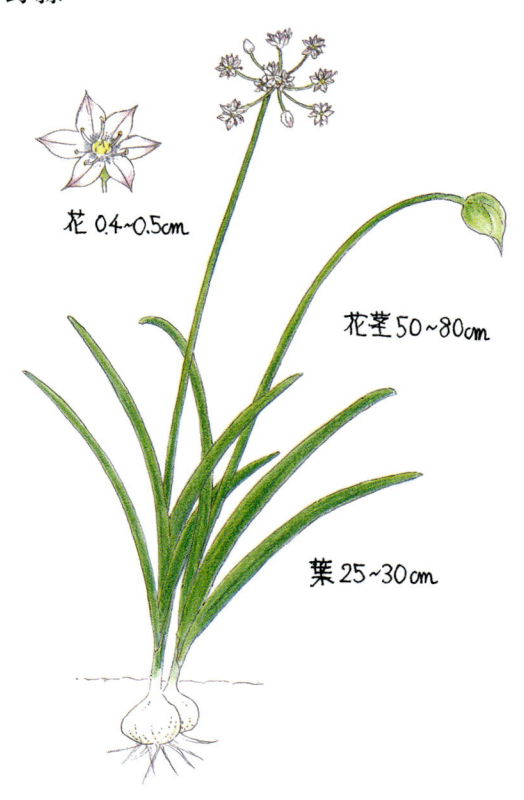

紅紫青色系

花 0.4〜0.5cm

花茎 50〜80cm

葉 25〜30cm

ユリ科。花は5〜6月。畑や田んぼの畦で見られます。ニラのような強い匂いがあるので嫌がる人もいますが、白い鱗茎は生で食べられ葉はネギのように利用します。蒜（ひる）とはネギやニラの総称です。

| 見られる所 | 1号 | 2号 | 3号 | 4号 | 5号 | 6号 | 稲荷 | 梅蛇 | 日影 |

ハナニラ

花韮

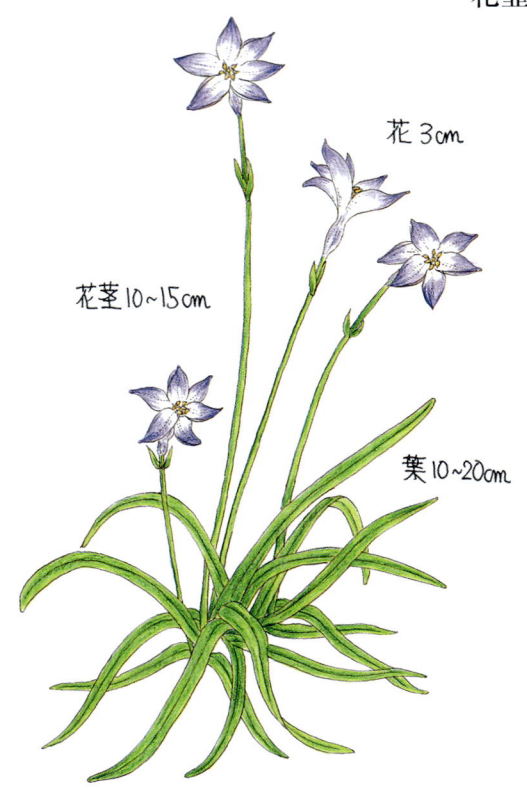

春

紅紫青色系

花 3cm
花茎 10〜15cm
葉 10〜20cm

ユリ科。花は3〜4月。南アメリカ原産。花壇から逃げ出して道端を飾る野草になり、今や完全に市民権を得ています。花弁は5枚が標準ですが4枚や6枚のものもよく見られます。

見られる所	1号	2号	3号	4号	5号	6号	稲荷	梅蛇	日影
								●	

春 サイハイラン

采配蘭

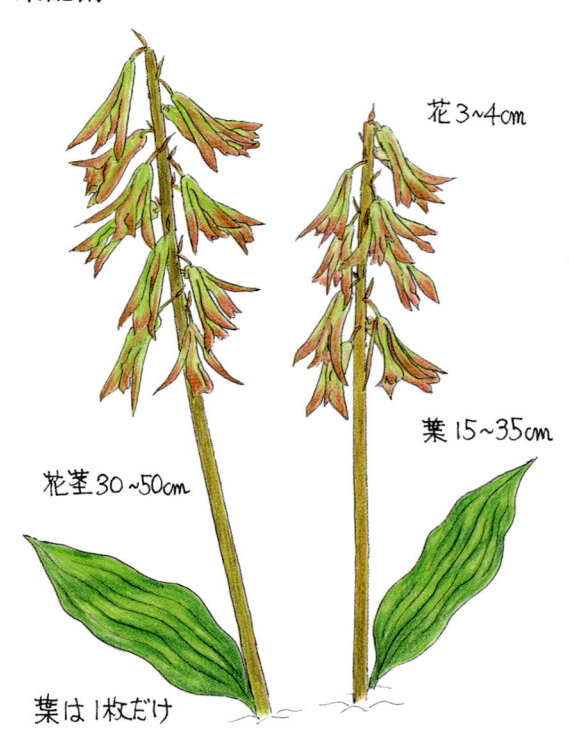

紅紫青色系

花 3～4cm

葉 15～35cm

花茎 30～50cm

葉は1枚だけ

ラン科。花は5～6月。昔、侍大将が指揮するときに使った采配に似ていることからの名です。花が終わったあとも采配の形で残っていることが多いので、花のあともあきらめないで探してみてください。

見られる所	1号	2号	3号	4号	5号	6号	稲荷	梅蛇	日影
	1号					6号			日影

シラン

紫蘭

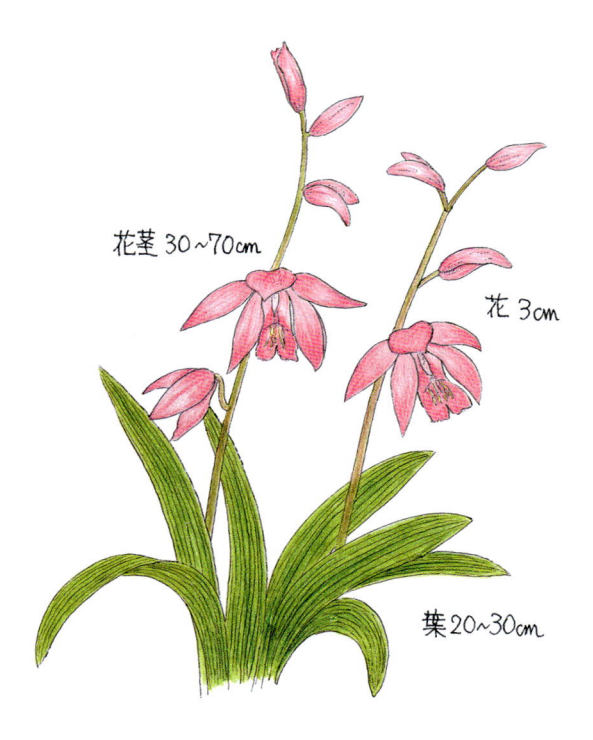

春

紅紫青色系

花茎 30〜70cm
花 3cm
葉 20〜30cm

ラン科。花は4〜5月。日当たりがよくて湿ったところを好みます。高尾山で見たシランは人家近くなので、どなたかが植えたのかも知れません。庭の植栽としてもよく使われています。

見られる所	1号	2号	3号	4号	5号	6号	稲荷	梅蛇	日影
								●	

春 シャガ

射干

紅紫青色系

花4〜5cm

花茎30〜70cm

葉 30〜60cm

アヤメ科。花は4〜5月。古代に中国から入りました。高尾山では崩れやすい斜面の土止めとして植え込んであります。常緑で、葉の基部は和服の襟のようにきちんと互い違いに出るのがシャレています。

| 見られる所 | 1号 | 2号 | 3号 | 4号 | 5号 | 6号 | 稲荷 | 梅蛇 | 日影 |

センボンヤリ

千本槍

白色系

花茎 5〜15cm
花 1.5cm
葉 8〜13cm

キク科。花は4〜6月と9〜11月。秋に咲く花は蕾のような形のままで、春のように花弁を開きません。この蕾状の花が大名行列の槍のように見えることからの名です。葉の裏が淡紫色なのでムラサキタンポポとも呼ばれます。

| 見られる所 | 1号 | 2号 | 3号 | 4号 | 5号 | 6号 | 稲荷 | 梅蛇 | 日影 |

イチリンソウ

一輪草

白色系

花4cm

高さ10〜30cm

キンポウゲ科。花は4〜5月。この花の時期には高尾山訪問者が増えます。白く大きな花が人気の秘密でしょうか。キンポウゲ科一族の清楚な花部門の代表作品です。ニリンソウとは葉の形が違います。

見られる所	1号	2号	3号	4号	5号	6号	稲荷	梅蛇	日影
								●	●

ニリンソウ

二輪草

花 2cm

白色系

高さ 15〜25cm

キンポウゲ科。花は4〜5月。イチリンソウと同じようなところに生えていますからセットで観賞してください。花は2輪のものが多いのですが1輪や3輪のものもあります。花はイチリンソウより小さくなります。

見られる所	1号	2号	3号	4号	5号	6号	稲荷	梅蛇	日影
						●			

春 アズマイチゲ

東一華

白色系

花3~4cm

高さ15~30cm

キンポウゲ科。花は4〜5月。一見イチリンソウやニリンソウと見間違えますが花弁（正確にはがく）を数えてください。8から13枚くらいあり、葉の裏は淡紫色をしています。

| 見られる所 | 1号 | 2号 | 3号 | 4号 | 5号 | 6号 | 稲荷 | 梅蛇 | 日影 |

ヒメウズ

姫烏頭

花 0.4〜0.6cm

白色系

高さ 10〜30cm

キンポウゲ科。花は3〜5月。花も葉も繊細な感じで全体になよなよしているので思わず手をさしのべたくなります。烏頭とはトリカブトのことで葉が似ていることからの名です。

見られる所	1号	2号	3号	4号	5号	6号	稲荷	梅蛇	日影
								●	●

春

ハコベ

繁縷

花0.6～0.7cm

葉 1～3cm

高さ10～30cm

ハコベの花

オランダミミナグサの花

白色系

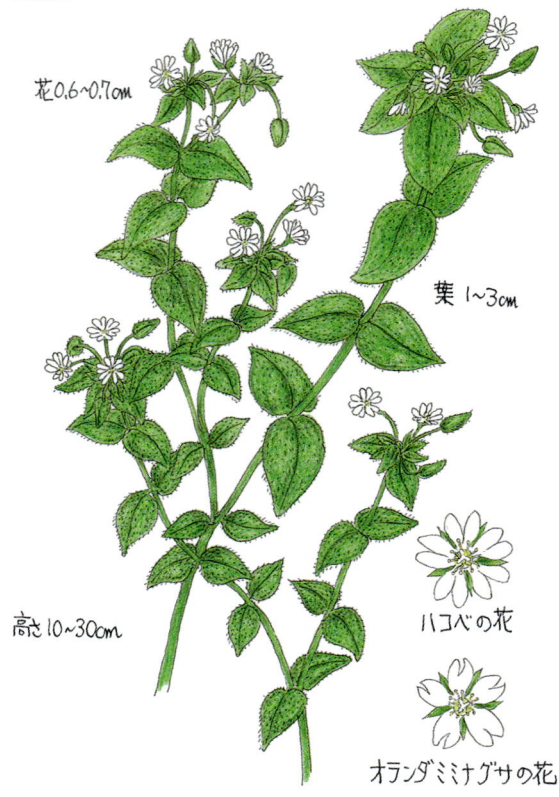

ナデシコ科。花は3～9月。春の七草のひとつ。どこにでも生えています。ミドリハコベともいいます。よく似たオランダミミナグサ（和蘭耳菜草）とは花弁で見分けてください。

見られる所	1号	2号	3号	4号	5号	6号	稲荷	梅蛇	日影

ウシハコベ 春

牛繁縷

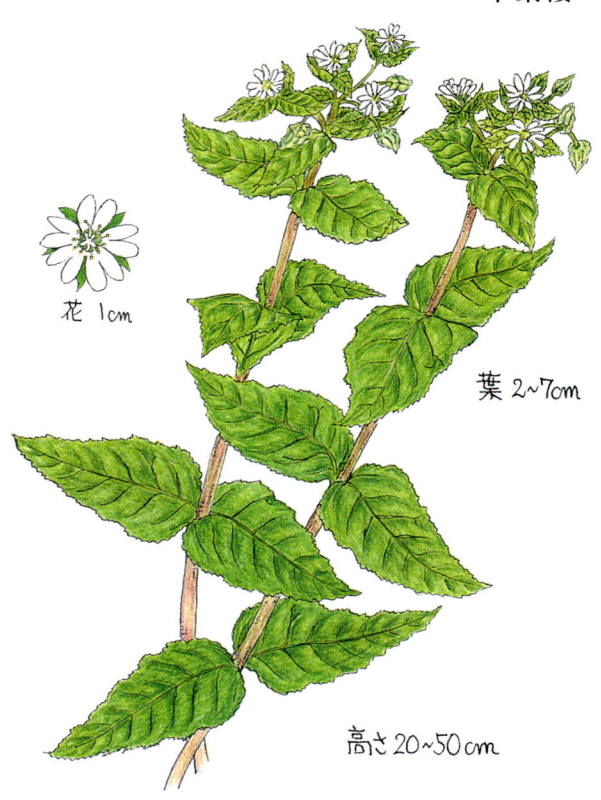

花 1cm

葉 2〜7cm

高さ 20〜50cm

白色系

ナデシコ科。花は4〜10月。名は牛のように大きなハコベの意味。なかなか豪快で夏の強い日差しの中でも元気に咲いています。たとえの牛は乳牛ではなく、昔の荷車をひき畑を耕した牛でしょう。

見られる所	1号	2号	3号	4号	5号	6号	稲荷	梅蛇	日影

春

ツメクサ

爪草

花 0.4cm

葉 0.5〜2cm

高さ10〜20cm

白色系

ナデシコ科。花は3〜8月。ツメクサというとクローバーのツメクサを思う人が多いのですが、こちらは鳥の爪のような葉をもつので爪草です。道端など、どこにでも生えています。

| 見られる所 | 1号 | 2号 | 3号 | 4号 | 5号 | 6号 | 稲荷 | 梅蛇 | 日影 |

オオツメクサ

大爪草

花0.3~0.4cm

葉1.5~4cm

高さ30~50cm

白色系

ナデシコ科。花は4～8月。ヨーロッパ原産。普通は生垣やフェンスにもたれ掛かったりからみつくように生えています。高尾山では人家近くにわずかに見られます。

見られる所	1号	2号	3号	4号	5号	6号	稲荷	梅蛇	日影
								梅蛇	

春 ナズナ

薺

白色系

花 0.3cm

高さ10～40cm

アブラナ科。花は3～6月。冬でも日当たりのよい暖かいところでは小さな草丈のまま花をつけます。春の七草のひとつで、果実が三味線のバチに似ているのでペンペングサの呼び方をする人もいます。

見られる所	1号	2号	3号	4号	5号	6号	稲荷	梅蛇	日影

オランダガラシ 春

和蘭芥子

花 0.6cm

高さ 30～50cm

白色系

アブラナ科。花は4～6月。ヨーロッパ原産。サラダや肉の付け合わせに使うクレソンはこれのことです。栽培地から逃げ出して清流の水辺に群生しています。葉に辛味があるのでこの名があります。

見られる所	1号	2号	3号	4号	5号	6号	稲荷	梅蛇	日影

春 タネツケバナ

種漬花

花 0.3~0.4cm

白色系

高さ 20~30cm

アブラナ科。花は3〜5月。稲作の種籾を水に漬ける時期に花が咲くのでこの名があります。山中では水辺に群生していますが、街中の道端にもたくさん見られ、小さい草丈のときでも花をつけています。

| 見られる所 | 1号 | 2号 | 3号 | 4号 | 5号 | 6号 | 稲荷 | 梅蛇 | 日影 |

ユリワサビ

百合山葵

花 0.6~1cm

葉 2~5cm

高さ 20~30cm

白色系

アブラナ科。花は3～5月。湿り気のある谷沿いに多く見られます。葉を少しだけ噛んでみるとわずかにワサビの香りと辛味があります。小さい草丈のときにでも花がついています。

見られる所	1号	2号	3号	4号	5号	6号	稲荷	梅蛇	日影

ヒトリシズカ

一人静

白色系

花

花穂 1~3cm

高さ 20~30cm

センリョウ科。花は4〜5月。名は白く清楚な花を静御前の舞う姿にたとえたもので人気がある野草です。白い花はオシベで、基部に黄色のメシベがあります。わずかにのぞく黄色が清楚な白を引き立たせます。

見られる所	1号	2号	3号	4号	5号	6号	稲荷	梅蛇	日影
								■	

フタリシズカ

二人静

花穂 2〜6cm

花

葉 8〜16cm

白色系

高さ 30〜60cm

センリョウ科。花は4〜6月。花穂が2本あるものが多いのでヒトリシズカに対してつけられた名ですが、花穂は1本も3〜5本もあります。ヒトリシズカに比べ人気は今ひとつです。葉に艶がないことが理由でしょうか。

見られる所	1号	2号	3号	4号	5号	6号	稲荷	梅蛇	日影
								●	●

春

ツルカノコソウ
蔓鹿の子草

白色系

花 0.2〜0.3cm

高さ 20〜40cm

花のあと蔓のようにのびる

オミナエシ科。花は4〜5月。花のあと茎が蔓のようにのびることがツルの名の由来です。林の下の道端などでよく見られ、葉も茎も軟らかく、みずみずしい感じがします。

見られる所	1号	2号	3号	4号	5号	6号	稲荷	梅蛇	日影
		●							

シロツメクサ 春

白詰草

花 1cm
葉柄 5〜15cm
葉 1〜2.5cm
茎は地を這って広がる

白色系

マメ科。花は4〜9月。ヨーロッパ原産。「四つ葉のクローバー」はこの花のことです。詰草の名は、江戸時代にオランダからもたらされるガラス器具などの破損を防ぐため、乾燥したこの草が詰められていたことによります。

| 見られる所 | 1号 | 2号 | 3号 | 4号 | 5号 | 6号 | 稲荷 | 梅蛇 | 日影 |

春

ハナネコノメ
花猫の目

花 0.3〜0.5cm
葉 0.2〜1cm

白色系

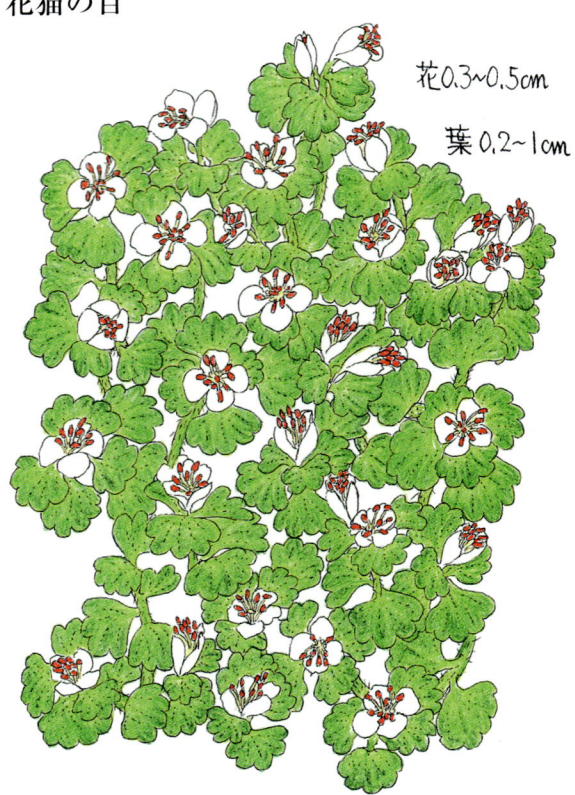

ユキノシタ科。花は3〜4月。ぜひ見ていただきたい花のひとつです。高尾山の竹下通りといわれる6号路の中ほどに岩に張り付いて群生しています。真っ白い花弁に赤い葯の対比はすばらしいものです。

見られる所	1号	2号	3号	4号	5号	6号	稲荷	梅蛇	日影
						●			

ユキノシタ

雪の下

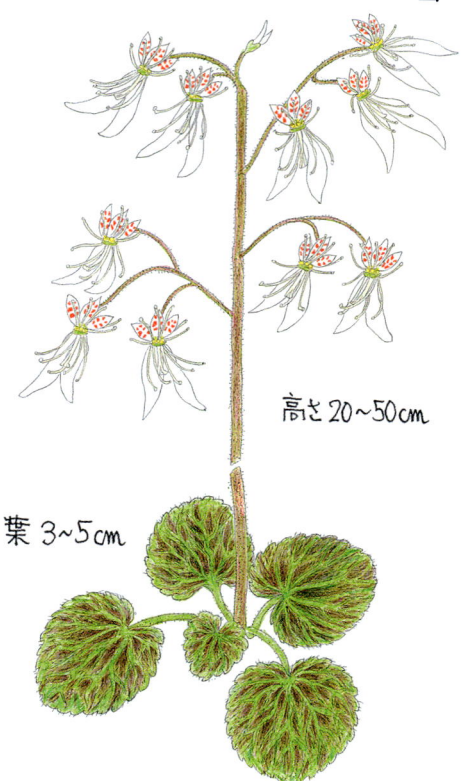

春

白色系

高さ20~50cm

葉 3~5cm

ユキノシタ科。花は5〜6月。庭にも多く植えられています。常緑の野草で雪の下でも葉が青々としていることからの名です。高尾山では蛇滝付近の沢に群生するユキノシタがみごとです。

| 見られる所 | 1号 | 2号 | 3号 | 4号 | 5号 | 6号 | 稲荷 | 梅蛇 | 日影 |

セントウソウ

仙洞草

花 0.3~0.4cm

高さ 10~25cm

白色系

セリ科。花は3～5月。早春から林のふちなどに小さな白い花をいっぱい咲かせます。立派な名の由来はよくわかりません。別名オウレンダマシはキンポウゲ科のセリバオウレンに似ていることからです。

見られる所	1号	2号	3号	4号	5号	6号	稲荷	梅蛇	日影
							稲荷	梅蛇	日影

ミヤマカタバミ

深山傍食

花3~4cm

葉2~3cm

白色系

カタバミ科。花は3～4月。数多く生えているので見落とす人はいないでしょう。カントウミヤマカタバミ（関東深山傍食）との見分け方は葉の裏の毛の多少という微妙なものなので簡単ではありません。

見られる所	1号	2号	3号	4号	5号	6号	稲荷	梅蛇	日影
		2号							

春 セッコク

石斛

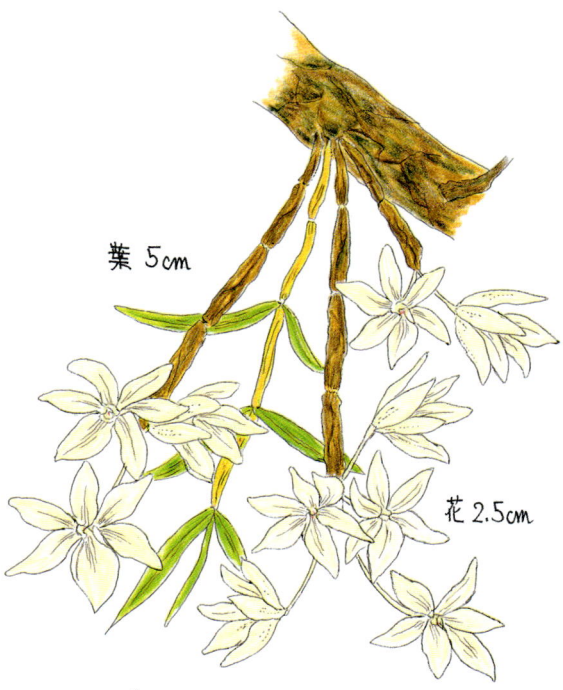

葉 5cm

花 2.5cm

全長 10〜30cm

ラン科。花は5〜6月。木の枝に着生しているので近くで見ることがなかなかできません。6号路の中ほどの「セッコク名所」には望遠鏡で見る人、望遠写真を撮る人、そしてそれを借りて見る人で賑わいます。

見られる所	1号	2号	3号	4号	5号	6号	稲荷	梅蛇	日影
						6号			

白色系

ナルコユリ

鳴子百合

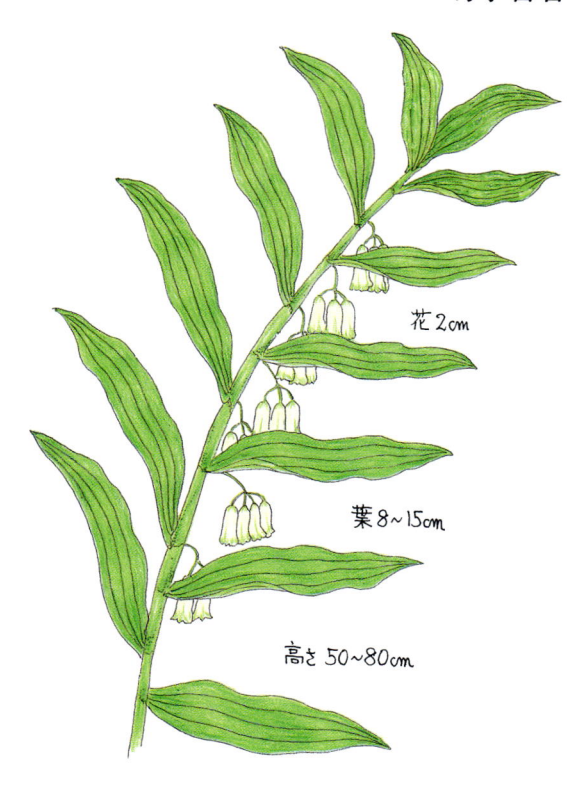

春

白色系

花 2cm
葉 8～15cm
高さ 50～80cm

ユリ科。花は 5 ～ 6 月。名は花のつき方が鳥を追う鳴子に似ていることによります。アマドコロ（P.100）に似ていますがナルコユリは茎が丸くなっているのに比べ、アマドコロは稜があり角ばっています。

| 見られる所 | 1号 | 2号 | 3号 | 4号 | 5号 | 6号 | 稲荷 | 梅蛇 | 日影 |

春

チゴユリ

稚児百合

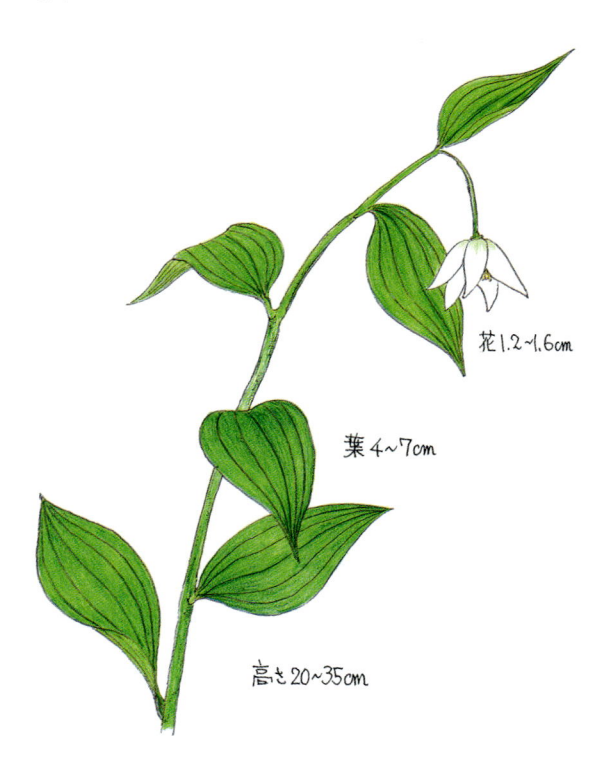

白色系

花 1.2〜1.6cm

葉 4〜7cm

高さ 20〜35cm

ユリ科。花は4〜5月。かわいい花がうなだれてつく様子を稚児にたとえた名です。ユリ科姫物語の「七人の小人」はスズラン・チゴユリ・ナルコユリ・アマドコロ・ホウチャクソウ・ワニグチソウ・エンレイソウでどうでしょうか。

見られる所	1号	2号	3号	4号	5号	6号	稲荷	梅蛇	日影

ホウチャクソウ

宝鐸草

春

白色系

葉 5~15cm

高さ 30~60cm

ユリ科。花は4〜5月。どこでも、たくさん見られます。お寺や五重塔の軒に下げる飾りを宝鐸といいますが、花の形がその宝鐸に似ていることからの名です。上部で枝分かれする葉がお寺の屋根のようにも見えます。

見られる所	1号	2号	3号	4号	5号	6号	稲荷	梅蛇	日影

春 アマドコロ

甘野老

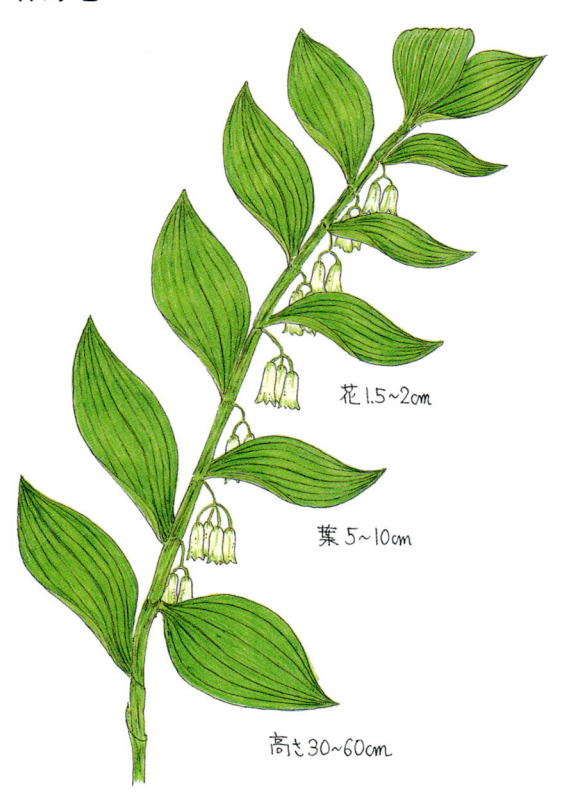

白色系

花 1.5〜2cm

葉 5〜10cm

高さ 30〜60cm

ユリ科。花は4〜5月。塊茎が甘く、葉がヤマノイモ科のオニドコロ（P.189）に似ていることが名の由来です。茎には稜があり、よく似ているナルコユリと区別できます。

見られる所	1号	2号	3号	4号	5号	6号	稲荷	梅蛇	日影
				4号				梅蛇	日影

ヤエムグラ

八重葎

花数ミリ

茎に下向きの刺

葉 1~3cm

茎長 60~90cm

アカネ科。花は5～6月。人家近くの藪や荒れ地などで、茎の刺で絡みつきのびています。刺は硬く皮膚を傷つけます。名は幾重にも重なり合ってのびる姿を八重と表現したものです。

見られる所	1号	2号	3号	4号	5号	6号	稲荷	梅蛇	日影

オオバコ

大葉子

春

その他

花茎10〜20cm

葉4〜15cm

オオバコ科。花は4〜9月。道端でよく見かけます。校庭の草取りでは誰もが難儀したことがある草です。人や車が踏み固めたところにも平気で生えてきます。名は、葉が広く大きいことからです。

見られる所	1号	2号	3号	4号	5号	6号	稲荷	梅蛇	日影

春 スイセン

水仙

白色系

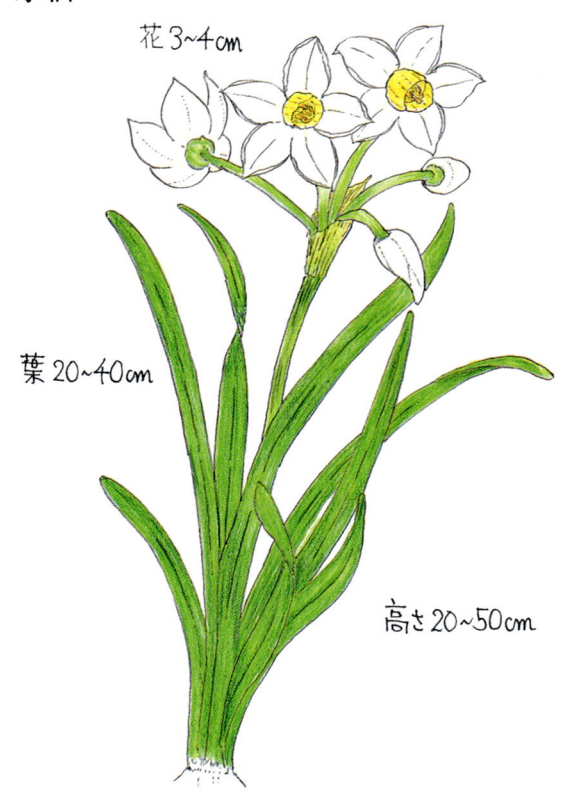

花 3~4cm

葉 20~40cm

高さ 20~50cm

ヒガンバナ科。花は12〜6月。花に軽い芳香があるのをご存知でしょうか？地中海沿岸原産で「ナルシスト」の語源になった花です。日本へは古い時代に入ったといわれています。

見られる所	1号	2号	3号	4号	5号	6号	稲荷	梅蛇	日影

ワニグチソウ

鰐口草

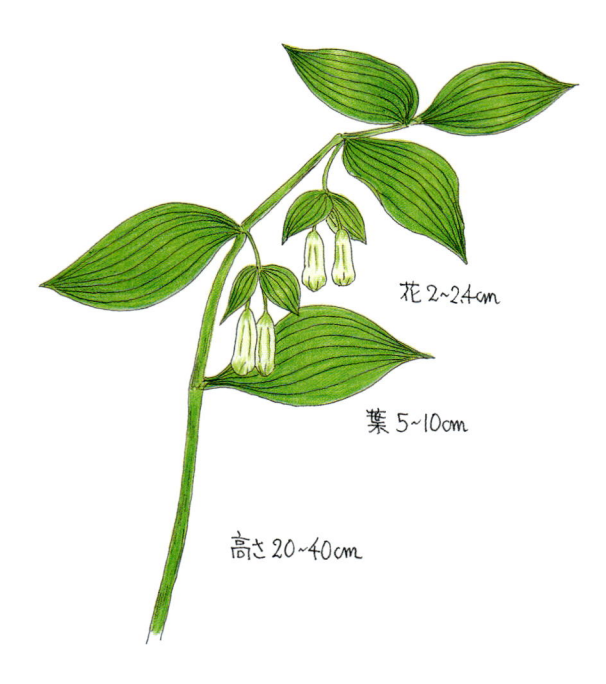

白色系

花 2~2.4cm

葉 5~10cm

高さ 20~40cm

ユリ科。花は5～6月。神社に参拝するときにジャラジャラ鳴らす平たい鈴を鰐口といいますが、花を抱く苞が鰐口に似ているのでこの名があります。林の中に生えていてなかなか見つけられません。

見られる所	1号	2号	3号	4号	5号	6号	稲荷	梅蛇	日影
								梅蛇	日影

ヨツバムグラ

四葉葎

春

その他

花 0.1~0.2cm

葉 0.6~1.5cm

高さ 20~50cm

アカネ科。花は5～6月。ヨツバムグラには刺がありません。ヤエムグラの葉は6～8枚輪生ですが、ヨツバムグラは4枚輪生（正しくは2枚の葉2枚の托葉）です。

| 見られる所 | 1号 | 2号 | 3号 | 4号 | 5号 | 6号 | 稲荷 | 梅蛇 | 日影 |

シュンラン

春蘭

その他

葉 20〜35cm

花 3〜3.5cm

花茎 10〜25cm

ラン科。花は3〜4月。花にはわずかな香りがあります。花の位置が低くて見過ごしやすい野草です。別名のホクロやジジババは花の模様からきています。常緑で、庭にもよく植えられています。

| 見られる所 | 1号 | 2号 | 3号 | 4号 | 5号 | 6号 | 稲荷 | 梅蛇 | 日影 |

カンスゲ

寒菅

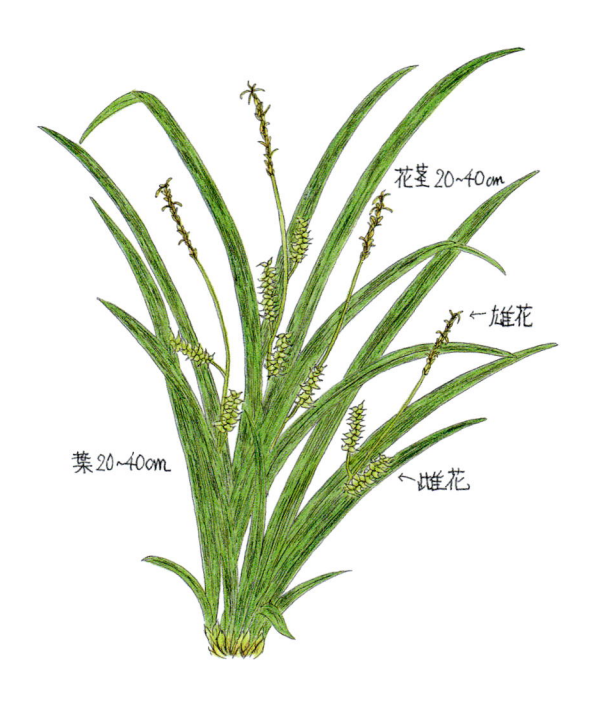

花茎 20~40cm
← 雄花
← 雌花
葉 20~40cm

カヤツリグサ科。花は4～5月。よく似たミヤマカンスゲ（深山寒菅）は、葉が軟らかく葉のふちのざらつきが弱いので触って確かめてください。寒い冬でも葉がきれいな緑色をしています。

見られる所	1号	2号	3号	4号	5号	6号	稲荷	梅蛇	日影

スズメノカタビラ

雀の帷子

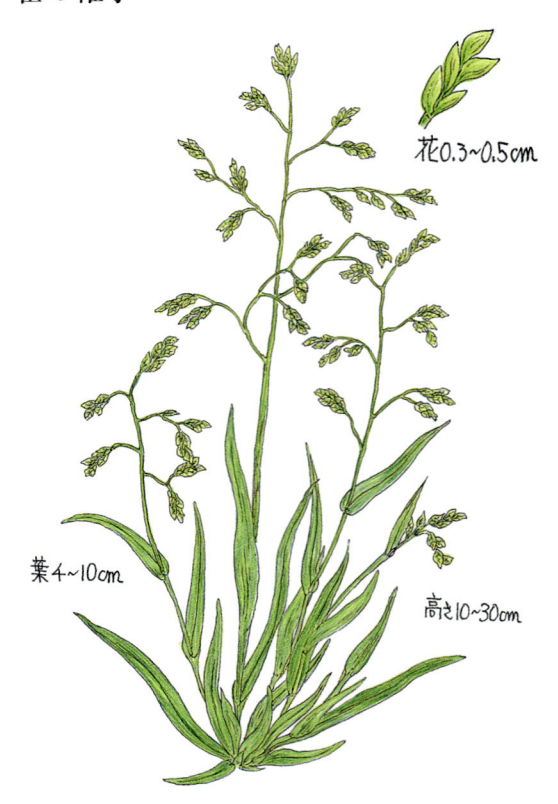

その他

花 0.3~0.5cm

葉 4~10cm

高さ 10~30cm

イネ科。花は3～11月。道端や空き地など、どこにでも生えています。帷子とは境を仕切る布とか裏地のない衣服のことですが、この帷子は後者で雀の夏服の意味になります。

| 見られる所 | 1号 | 2号 | 3号 | 4号 | 5号 | 6号 | 稲荷 | 梅蛇 | 日影 |

スズメノテッポウ

雀の鉄砲

春

その他

花穂 3〜8cm
花
葉 5〜15cm
高さ 20〜40cm

イネ科。花は4〜6月。道端によく生えています。昔、子どもが学校帰りに葉の鞘を草笛にしてピーピー鳴らしました。ですからピーピーグサとも呼ばれます。鳴らすには少しだけ練習が必要です。

| 見られる所 | 1号 | 2号 | 3号 | 4号 | 5号 | 6号 | 稲荷 | 梅蛇 | 日影 |

コバンソウ

小判草

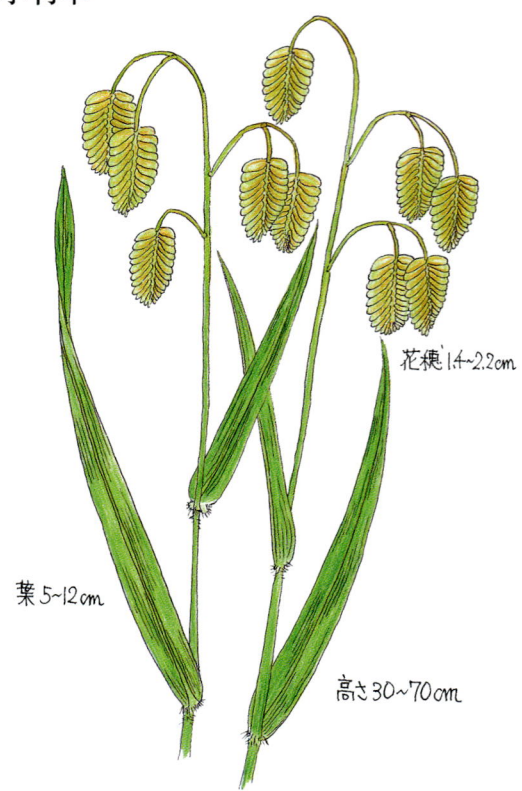

その他

花穂 1.4〜2.2cm
葉 5〜12cm
高さ 30〜70cm

イネ科。花は5〜7月。ヨーロッパ原産。形がおもしろいので触りたくなります。小判に似ているのでコバンソウ、俵に似ているのでタワラムギ（俵麦）とも呼ばれます。観賞用だったものが今は野生化しています。

| 見られる所 | 1号 | 2号 | 3号 | 4号 | 5号 | 6号 | 稲荷 | 梅蛇 | 日影 |

カラスムギ

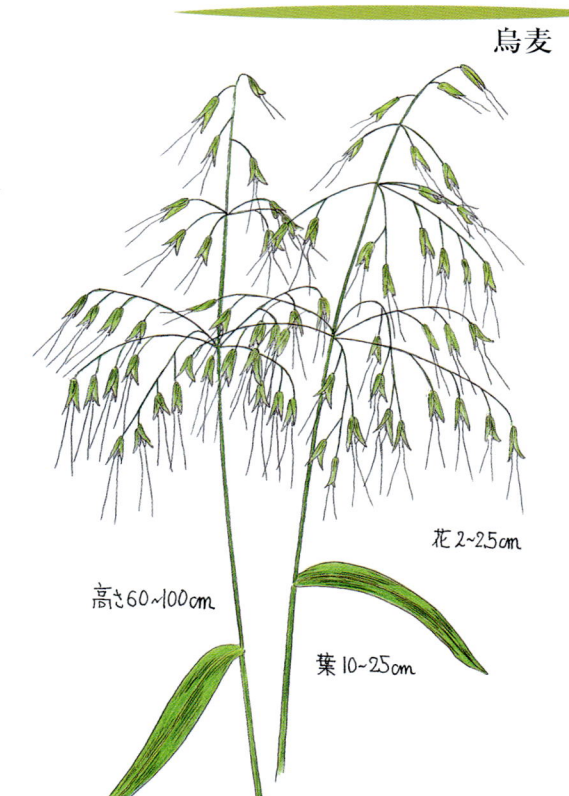

春

烏麦

その他

花 2〜2.5cm
高さ60〜100cm
葉 10〜25cm

イネ科。花は5〜7月。ヨーロッパ・西アジア原産。日本へはかなり古い時代に入ってきたといわれています。今は河川敷などに群生しています。枝を広げて花をつけている姿は爽やかな感じがあります。

| 見られる所 | 1号 | 2号 | 3号 | 4号 | 5号 | 6号 | 稲荷 | 梅蛇 | 日影 |

スズメノヤリ

雀の槍

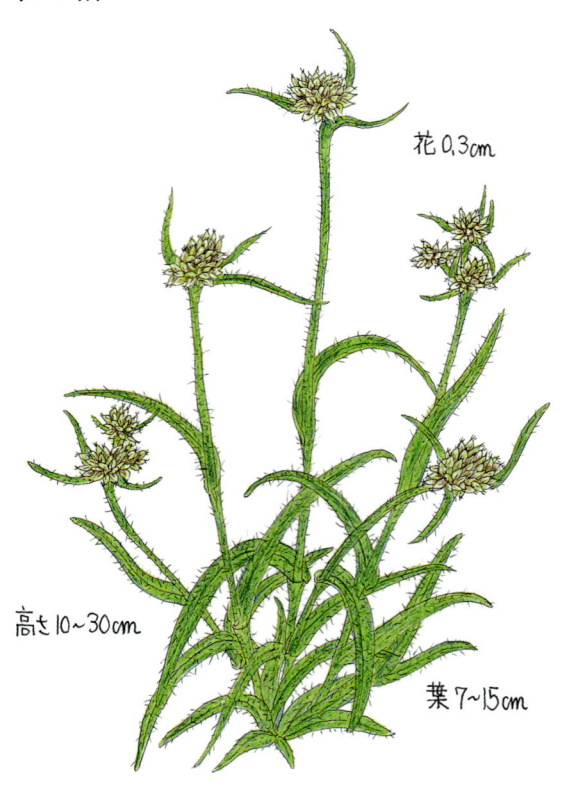

その他

花 0.3cm
高さ 10~30cm
葉 7~15cm

イグサ科。花は4～5月。花が槍に似ていることからの名です。雀は帷子・鉄砲そして槍まで持たせてもらいました。動物名前の野草は多いのですが、その中でも雀は優遇されているように思います。

| 見られる所 | 1号 | 2号 | 3号 | 4号 | 5号 | 6号 | 稲荷 | 梅蛇 | 日影 |

夏

黄色系の花	114
紅紫青色系の花	126
白色系の花	171
その他の色の花	191

夏

ミゾホオズキ

溝酸漿

花 1~1.5cm
葉 1~4cm
高さ 10~30cm

ゴマノハグサ科。花は 6 ～ 8 月。やや湿った溝などに生えています。茎は四角で葉も茎も触ると軟らかです。袋状のがくに包まれた果実が、ホオズキに似ているのでこの名があります。

| 見られる所 | 1号 | 2号 | 3号 | 4号 | 5号 | 6号 | 稲荷 | 梅蛇 | 日影 |

ビロードモウズイカ

天鵞絨毛蕊花

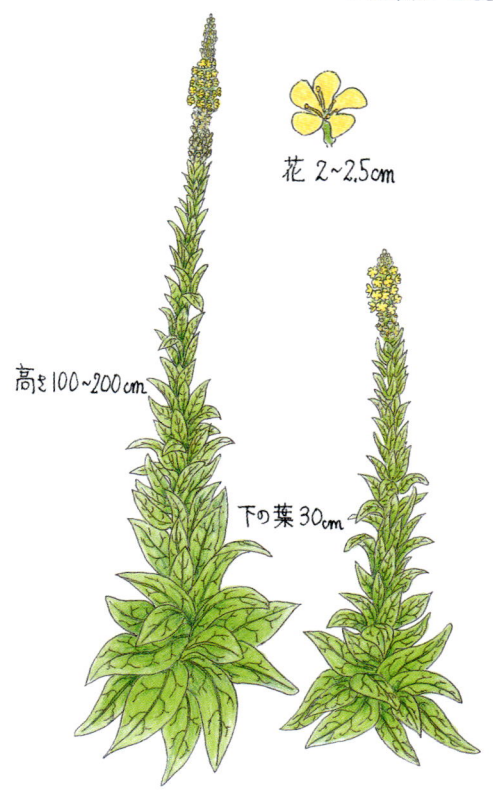

夏

黄色系

花 2~2.5cm

高さ 100~200cm

下の葉 30cm

ゴマノハグサ科。花は8～9月。ヨーロッパ原産。背が高く雄大な野草です。名は全体がビロードのような灰白色の毛で覆われていて、オシベの花糸の白さを表現したものです。

見られる所	1号	2号	3号	4号	5号	6号	稲荷	梅蛇	日影
								●	

夏

サワギク

沢菊

黄色系

花1.2cm

高さ60〜100cm

キク科。花は6〜8月。別名ボロギク（襤褸菊）。こんなきれいな花に襤褸とはと思うことでしょう。花のあと冠毛が使い古しの襤褸のように見えることからの名です。湿った林内に見られます。

| 見られる所 | 1号 | 2号 | 3号 | 4号 | 5号 | 6号 | 稲荷 | 梅蛇 | 日影 |

コウゾリナ

髪剃菜

夏

黄色系

花 2〜2.5cm

葉 6〜15cm

高さ 30〜100cm

キク科。花は5〜10月。全体に剛毛があり触るとザワザワして痛いくらいで、確かに髪でも剃れそうです。全体に荒々しい感じがしますが、花はなかなか美しいものです。草地や道端に生えています。コウゾリはカミソリのことです。

見られる所	1号	2号	3号	4号	5号	6号	稲荷	梅蛇	日影
					5号				

キオン

黄苑

黄色系

花 2cm
舌状花は5枚

葉 5~15cm

高さ 50~100cm

キク科。花は8～9月。全体の形が整っていて野草の優等生と呼びたいくらいです。日当たりのよい草地に生えるところも優等生的です。人気もあります。ハンゴンソウと似ていますが見分けは葉の形です。

| 見られる所 | 1号 | 2号 | 3号 | 4号 | 5号 | 6号 | 稲荷 | 梅蛇 | 日影 |

ハンゴンソウ

反魂草

夏

黄色系

花 2cm
舌状花は4～7枚

葉 7～15cm

高さ 100～200cm

キク科。花は7～9月。やや湿り気のある草地を好みます。花はキオンにそっくりですが、葉の形が違います。かなり以前にはよく見られたのですが、最近はなかなか見つけられません。

| 見られる所 | 1号 | 2号 | 3号 | 4号 | 5号 | 6号 | 稲荷 | 梅蛇 | 日影 |

夏

オトギリソウ

弟切草

花 1.5〜2cm

葉 2〜7cm

高さ 20〜60cm

黄色系

オトギリソウ科。花は7〜8月。名は、この草の薬効の秘密をもらした弟を兄が切ったという伝説からきています。花は朝開いて夕方しぼむ一日花で、たくさんのオシベがあり繊細な感じがします。切られた弟の悲しみを表しているようです。

| 見られる所 | 1号 | 2号 | 3号 | 4号 | 5号 | 6号 | 稲荷 | 梅蛇 | 日影 |

ダイコンソウ

大根草

夏

黄色系

花1~2cm

高さ50~80cm

この形の葉 10~25cm

バラ科。花は6～8月。若い人に根生葉がダイコンの葉に似ているからと説明したら、ダイコンの葉を見たことがないといわれました。大型のオオダイコンソウは、葉のギザギザが鋭く深いことで見分けます。

| 見られる所 | 1号 | 2号 | 3号 | 4号 | 5号 | 6号 | 稲荷 | 梅蛇 | 日影 |

夏

キンミズヒキ
金水引

花 0.7~1cm

高さ 30~80cm

葉 20~30cm

黄色系

バラ科。花は7〜10月。花も魅力的ですが葉の形もおもしろいのです。このような葉の形を複葉といいますが、小葉（一つひとつの葉）の大きさに大小があります。野草のこの工夫を感じてみてください。

| 見られる所 | 1号 | 2号 | 3号 | 4号 | 5号 | 6号 | 稲荷 | 梅蛇 | 日影 |

夏

オオマツヨイグサ

大待宵草

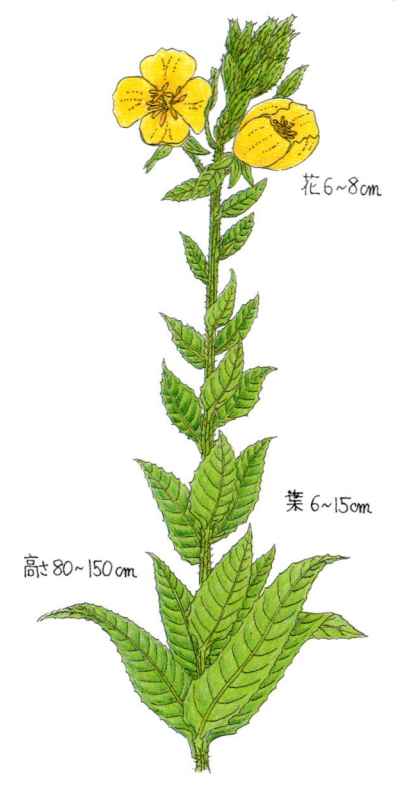

黄色系

花6～8cm

葉6～15cm

高さ80～150cm

アカバナ科。花は7～9月。北アメリカ原産。夕方に咲く愁いたっぷりの花です。ヨイマチグサ（宵待草）という人がいますが、これは竹久夢二が故意か無意識か、「待てど暮らせど　こぬ人を　宵待草の…」とうたった影響です。

| 見られる所 | 1号 | 2号 | 3号 | 4号 | 5号 | 6号 | 稲荷 | 梅蛇 | 日影 |

夏

スベリヒユ

滑り莧

黄色系

花 0.6~0.8cm
葉 1~2.5cm
高さ 10~15cm

スベリヒユ科。花は7～9月。花は日が当たると開き、暗くなると閉じます。多肉質の葉や茎は茹でて食べられます。昔は茹でて乾燥させたものを保存食にしたそうです。日当たりのよい道端に生えています。

| 見られる所 | 1号 | 2号 | 3号 | 4号 | 5号 | 6号 | 稲荷 | 梅蛇 | 日影 |

アキカラマツ

秋唐松

花0.8cm

高さ70〜150cm

葉1〜3cm

黄色系

キンポウゲ科。花は7〜9月。日のよく当たる草地に生えています。黄色いオシベが多数出るので花全体が黄色く見え、花の数も多いのでよく目立ちます。日本にはアキカラマツの仲間がカラマツソウやノカラマツなど16種あります。

| 見られる所 | 1号 | 2号 | 3号 | 4号 | 5号 | 6号 | 稲荷 | 梅蛇 | 日影 |

トウバナ

塔花

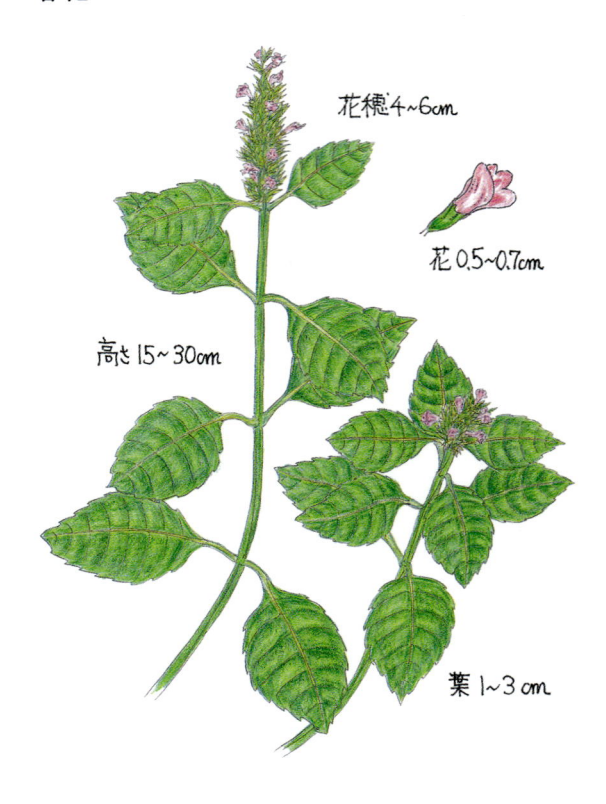

紅紫青色系

花穂 4〜6cm
花 0.5〜0.7cm
高さ 15〜30cm
葉 1〜3cm

シソ科。花は 5〜8 月。何段にもなる花穂を塔に見立てたものです。湿ったところに生えます。シソ科野草の大きな特徴は葉が向き合ってつき、茎が四角なことです。シソ科野草を見分けるとき役に立ちます。

| 見られる所 | 1号 | 2号 | 3号 | 4号 | 5号 | 6号 | 稲荷 | 梅蛇 | 日影 |

イヌトウバナ

犬塔花

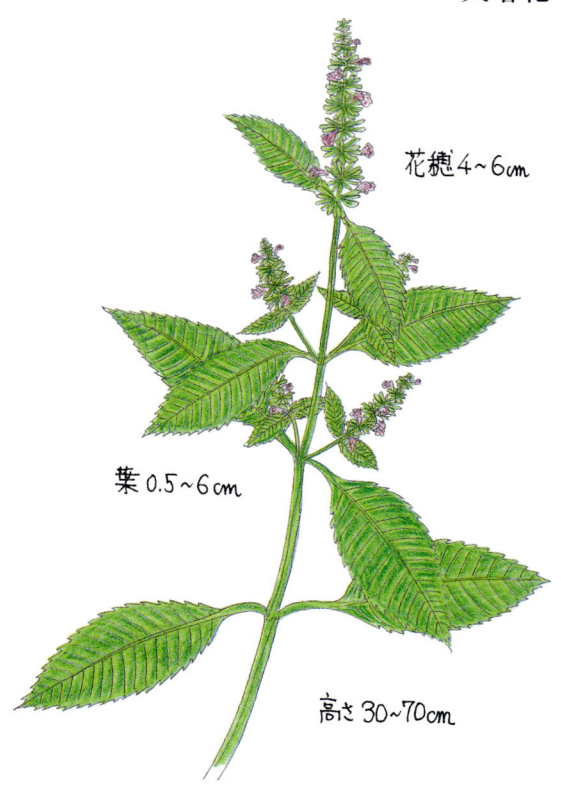

夏

紅紫青色系

花穂 4～6cm

葉 0.5～6cm

高さ 30～70cm

シソ科。花は8～10月。トウバナと間違えやすいのですが、トウバナは5月頃から咲いています。葉の形にも注意して見分けてください。林の中や林のふちの比較的乾いたところに生えています。

| 見られる所 | 1号 | 2号 | 3号 | 4号 | 5号 | 6号 | 稲荷 | 梅蛇 | 日影 |

ウツボグサ

靭草

紅紫青色系

花穂 3〜8cm

葉 2〜5cm

高さ 10〜30cm

シソ科。花は6〜8月。日当たりのよいところに生えています。花穂が矢を入れる靭に似ていることからの名です。花が終わり枯れてもそのまま立っているのでナツガレグサ（夏枯れ草）ともいいます。

見られる所	1号	2号	3号	4号	5号	6号	稲荷	梅蛇	日影
					5号				日影

クルマバナ
車花

夏

紅紫青色系

花 0.8〜1cm

葉 2〜4cm

高さ 20〜80cm

シソ科。花は8〜9月。花が何段にも車輪のようについていて、他のシソ科野草と間違うことなくすぐにわかります。名も覚えやすいのか一度見ると忘れません。日の当たる草地などで見られます。

| 見られる所 | 1号 | 2号 | 3号 | 4号 | 5号 | 6号 | 稲荷 | 梅蛇 | 日影 |

夏

メハジキ

目弾き

紅紫青色系

花 1~1.3cm
葉 5~10cm
高さ 50~150cm

シソ科。花は7～9月。形も名もおもしろい野草です。茎を使って目をパッチリにして遊んだことからの名です。産前産後の薬草として使ったのでヤクモソウ（益母草）ともいいます。

| 見られる所 | 1号 | 2号 | 3号 | 4号 | 5号 | 6号 | 稲荷 | 梅蛇 | 日影 |

ヒメジョオン

姫女苑

夏

紅紫青色系

花 2cm

蕾は上向き

葉 5~13cm

高さ 30~130cm

キク科。花は6～10月。北アメリカ原産。街の中の道端などでもお馴染みです。よく似たハルジオン（P.51）とは、茎を切ると空洞でないこと、蕾が上向きであることで見分けられます。

見られる所	1号	2号	3号	4号	5号	6号	稲荷	梅蛇	日影

夏

ホタルブクロ

蛍袋

紅紫青色系

花 4〜5cm

高さ 40〜80cm

葉 5〜8cm

ヤマホタルブクロの花

キキョウ科。花は6〜7月。大きな袋状の花がたくさんついて楽しい野草です。花の中に本当にホタルを入れたらどんなでしょう。そっくりのヤマホタルブクロ（山蛍袋）との見分けは、がくの付属体の有無です。

見られる所	1号	2号	3号	4号	5号	6号	稲荷	梅蛇	日影

夏

ツルニンジン

蔓人参

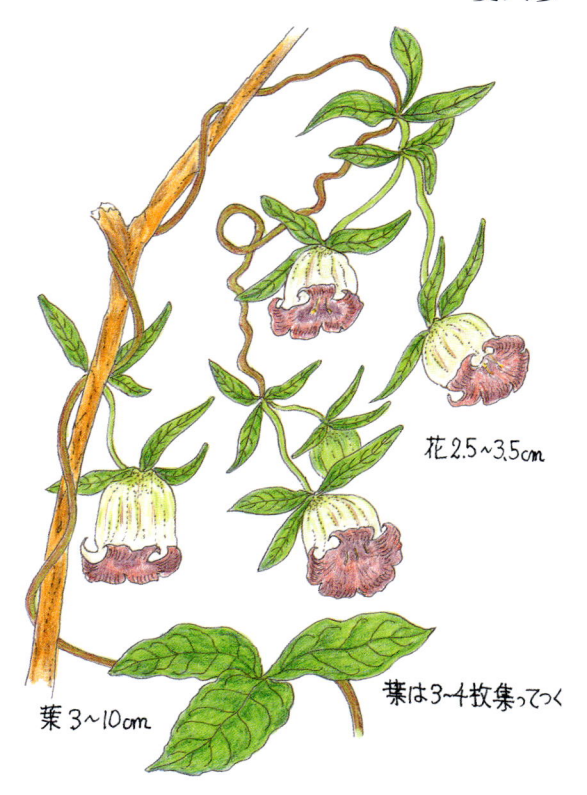

紅紫青色系

花 2.5~3.5cm
葉 3~10cm
葉は3~4枚集ってつく

キキョウ科。花は8～10月。林のふちなどで他に絡みつき、袋状の花を下げているので興味を引きます。名はつる性で根が朝鮮人参のように太くなるからです。よく似たバアソブに対しジイソブとも呼ばれます。

| 見られる所 | 1号 | 2号 | 3号 | 4号 | 5号 | 6号 | 稲荷 | 梅蛇 | 日影 |

夏

ツリガネニンジン

釣鐘人参

紅紫青色系

花 1.5~2cm

葉 4~8cm

高さ 40~100cm

キキョウ科。花は 8～10月。この花は特に女性に人気があります。口には出しませんが男性だって可愛い花と思っているのです。若菜は"ととき"といい古くから食されたそうです。

| 見られる所 | 1号 | 2号 | 3号 | 4号 | 5号 | 6号 | 稲荷 | 梅蛇 | 日影 |

ソバナ

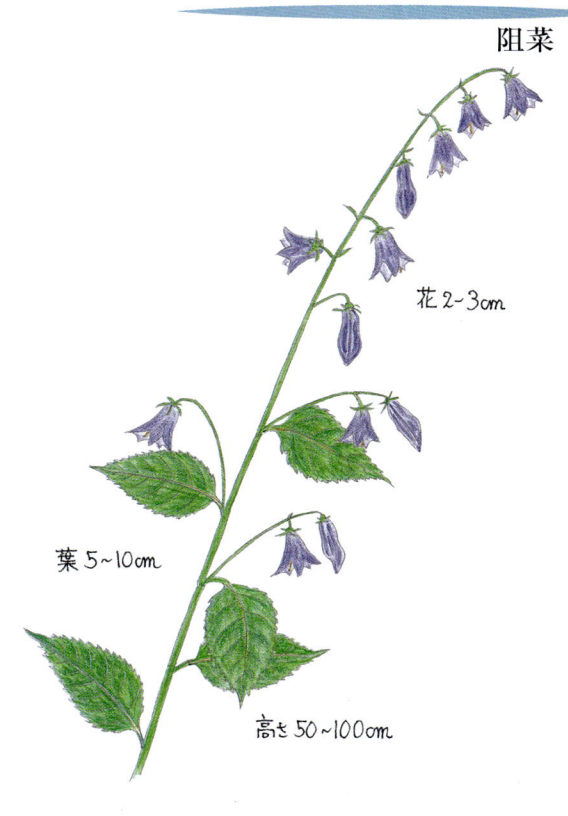

夏

阻菜

紅紫青色系

花 2~3cm

葉 5~10cm

高さ 50~100cm

キキョウ科。花は8〜9月。人の踏み込まない険阻なところに生えるので阻菜です。葉がソバの葉に似ているから蕎麦菜という説もあります。高尾山にもあるはずですが見つけられませんでした。読者が見つけられることを願い参考のため掲載しました。

| 見られる所 | 1号 | 2号 | 3号 | 4号 | 5号 | 6号 | 稲荷 | 梅蛇 | 日影 |

夏

ヒルガオ

昼顔

紅紫青色系

花5cm

葉5~10cm

ヒルガオ科。花は6〜8月。日中に咲くので昼顔。フェンスに必ずというほど、からまって咲いています。よく似たコヒルガオとの見分け方は花柄の上部のひだ（翼）です。葉の形も違います。

| 見られる所 | 1号 | 2号 | 3号 | 4号 | 5号 | 6号 | 稲荷 | 梅蛇 | 日影 |

コヒルガオ

小昼顔

夏

ここに翼がある

花 3〜4cm

葉 3〜7cm

紅紫青色系

ヒルガオ科。花は6〜8月。ヒルガオと同じように日当たりのよいフェンスなどにからまっています。両ヒルガオは夏、花が少ないときの道端美術館の主役です。ヒルガオより葉も花もいくぶん小さくなります。

| 見られる所 | 1号 | 2号 | 3号 | 4号 | 5号 | 6号 | 稲荷 | 梅蛇 | 日影 |

ガガイモ

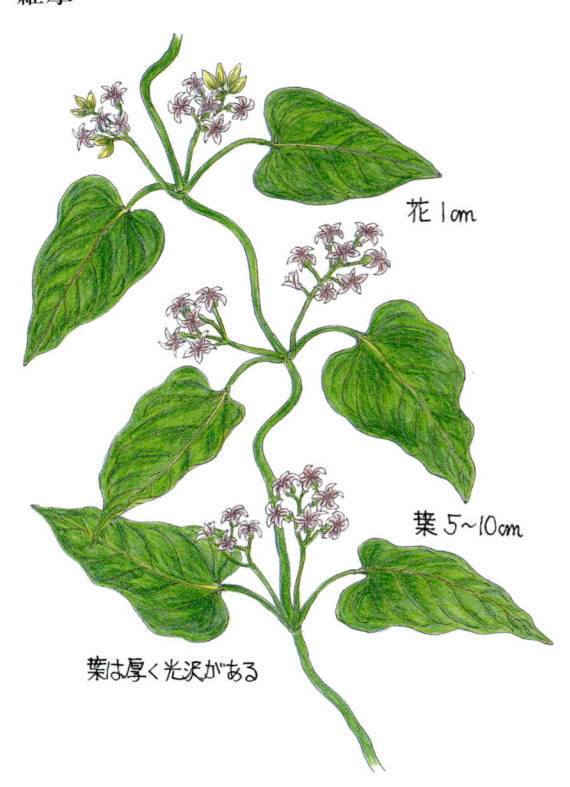

蘿藦

紅紫青色系

花 1cm

葉 5~10cm

葉は厚く光沢がある

ガガイモ科。花は8月。つる性で日当たりのよい草地などに生えていて、茎を切ると白い乳液が出ます。感じが似ているヤマノイモやオニドコロとは葉の形が違うので見分けられます。また葉脈が白っぽい特徴もあります。

見られる所	1号	2号	3号	4号	5号	6号	稲荷	梅蛇	日影

オオカモメヅル

大鷗蔓

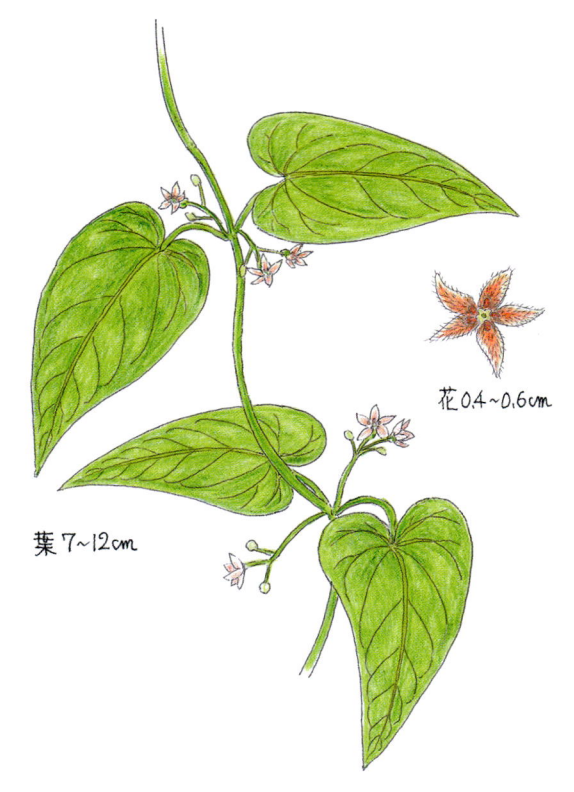

紅紫青色系

花 0.4〜0.6cm

葉 7〜12cm

ガガイモ科。花は7〜9月。林の中に生えるつる性の野草です。向かい合ってつく葉がカモメが飛んでいる姿を思い浮かべさせます。コバノカモメヅルも同じようなところで見られます。

| 見られる所 | 1号 | 2号 | 3号 | 4号 | 5号 | 6号 | 稲荷 | 梅蛇 | 日影 |

夏

ハエドクソウ

蠅毒草

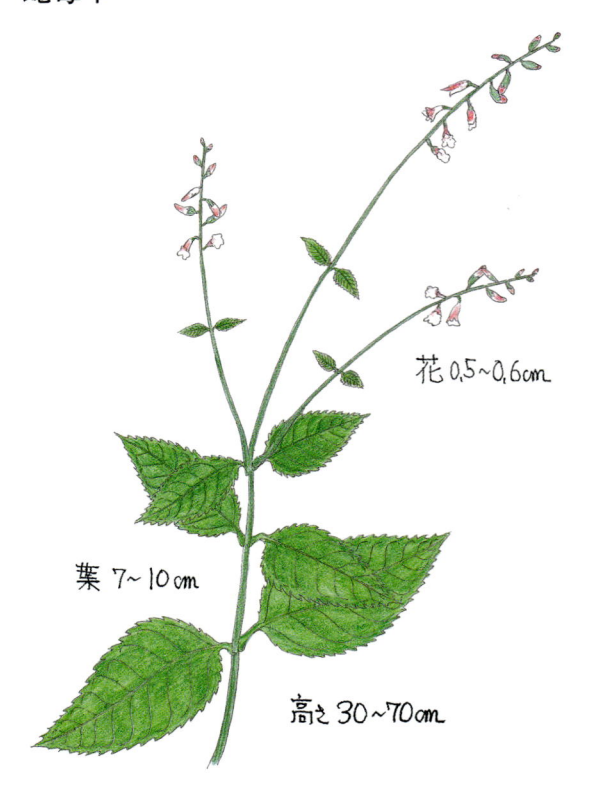

紅紫青色系

花 0.5~0.6cm

葉 7~10cm

高さ 30~70cm

ハエドクソウ科。花は7～8月。かなりよく見られますから確実に覚えましょう。名は根を煮詰めた液で蠅捕り紙を作ったことからです。名の印象は悪いのですが、小さい淡紅色の花は風情があります。

見られる所	1号	2号	3号	4号	5号	6号	稲荷	梅蛇	日影

イワタバコ

夏

岩煙草

花 1.5cm

花茎 10~30cm

葉 10~30cm

紅紫青色系

イワタバコ科。花は7～8月。湿り気のある日陰の岩場に生えています。葉がタバコの葉に似ていることが名の由来です。感心するのは、寒くなると葉を丸め毛で覆って冬眠し、暖かくなるとまた開くことです。

見られる所	1号	2号	3号	4号	5号	6号	稲荷	梅蛇	日影
								●	

クサボタン

草牡丹

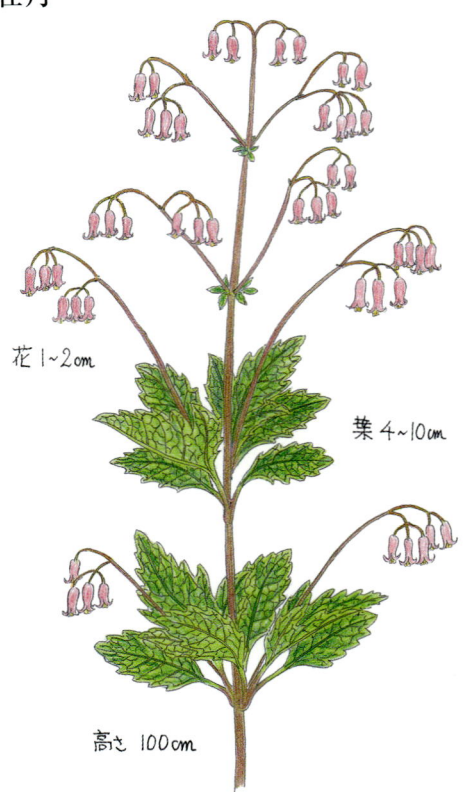

紅紫青色系

夏

花 1~2cm

葉 4~10cm

高さ 100cm

キンポウゲ科。花は8〜9月。日当たりのよい草地に生えています。花は初め筒状ですがその後、花の先がクルッと反りかえり、愛らしい形に変身します。葉がボタンの葉に似ているのが名の由来です。

| 見られる所 | 1号 | 2号 | 3号 | 4号 | 5号 | 6号 | 稲荷 | 梅蛇 | 日影 |

クズ

葛

夏

紅紫青色系

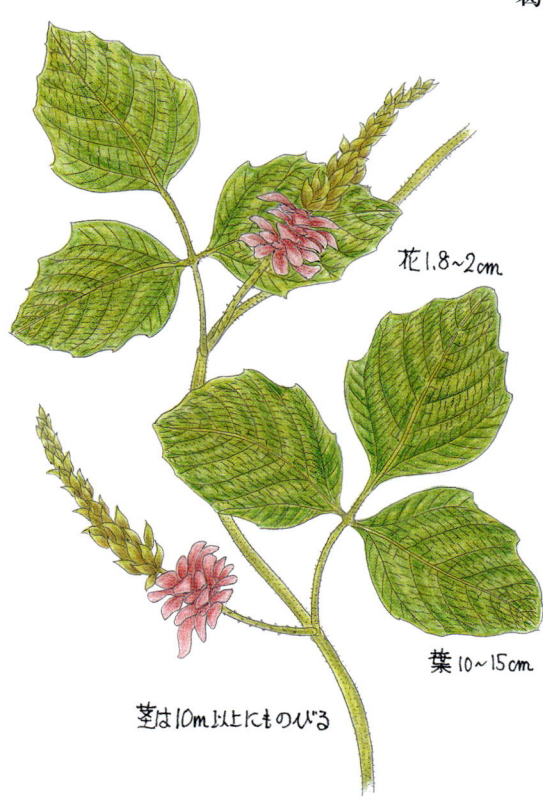

花1.8〜2cm

葉10〜15cm

茎は10m以上にものびる

マメ科。花は7〜9月。根から採った澱粉が葛粉です。また生薬の有名なカッコン（葛根）はこれです。多才ですが、花はあまり美しいとは思えません。どうして秋の七草のひとつに選ばれたのでしょう。

| 見られる所 | 1号 | 2号 | 3号 | 4号 | 5号 | 6号 | 稲荷 | 梅蛇 | 日影 |

夏

アキノウナギツカミ

秋の鰻攫

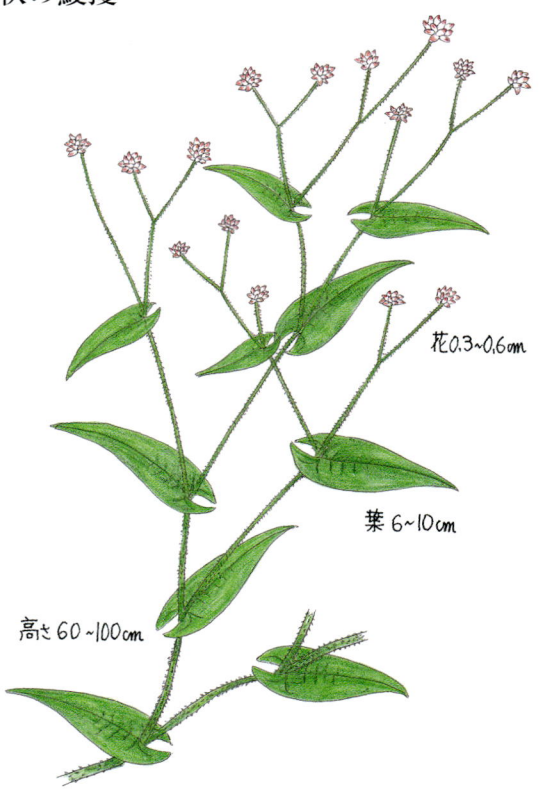

紅紫青色系

花 0.3~0.6cm

葉 6~10cm

高さ 60~100cm

タデ科。花は6〜9月。水辺に生えています。茎にしっかりとした刺があり、本当にウナギでもつかめそうです。花は美しく、初めて見た人は名から浮かべる印象との違いに驚きます。

| 見られる所 | 1号 | 2号 | 3号 | 4号 | 5号 | 6号 | 稲荷 | 梅蛇 | 日影 |

ママコノシリヌグイ
継子の尻拭

夏

紅紫青色系

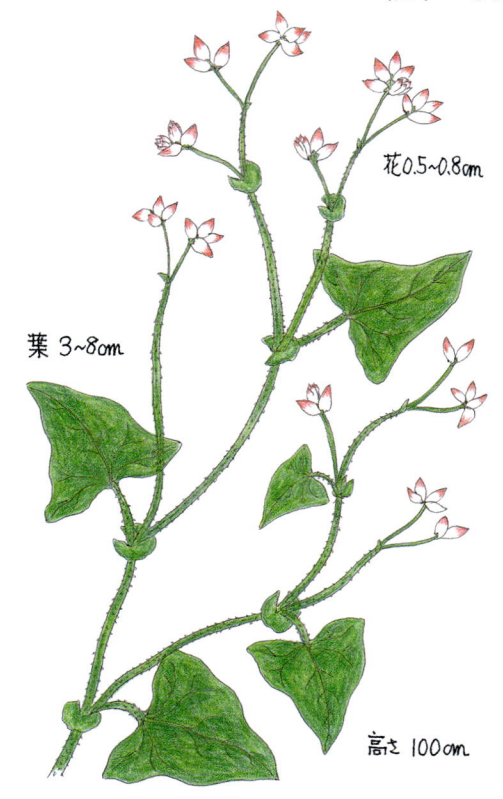

花 0.5~0.8cm
葉 3~8cm
高さ 100cm

タデ科。花は5～10月。湿ったところを好み水辺のふちの藪などに生えています。茎の硬い刺でからまりながらのび、小さい美しい花をつけます。街の中の湿ったところでも見られます。名は花のかわいらしさに似合いません。

見られる所	1号	2号	3号	4号	5号	6号	稲荷	梅蛇	日影
								●	

夏

イヌタデ

犬蓼

紅紫青色系

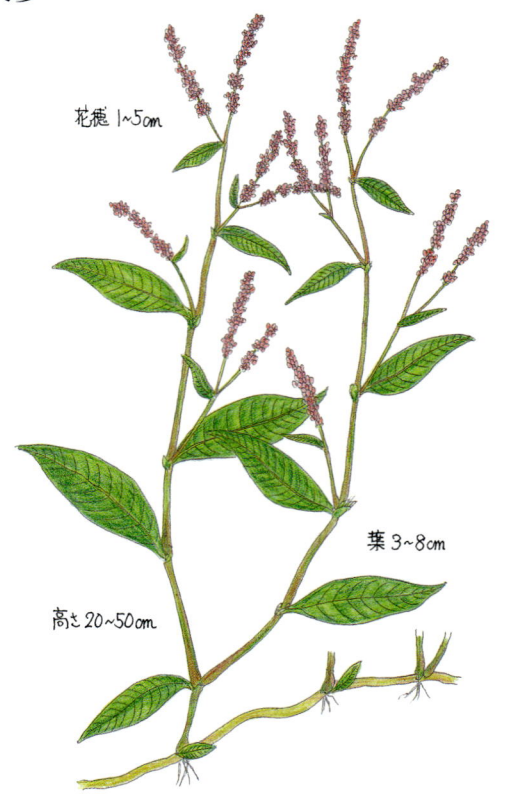

花穂 1〜5cm

葉 3〜8cm

高さ 20〜50cm

タデ科。花は6〜10月。アカマンマ（赤飯）とも呼ばれています。茎も赤みを帯び、この名のほうが実態を表しています。女の子のオママゴト遊びには欠かせない材料です。私も子どものころご馳走になりました。

| 見られる所 | 1号 | 2号 | 3号 | 4号 | 5号 | 6号 | 稲荷 | 梅蛇 | 日影 |

オオケタデ

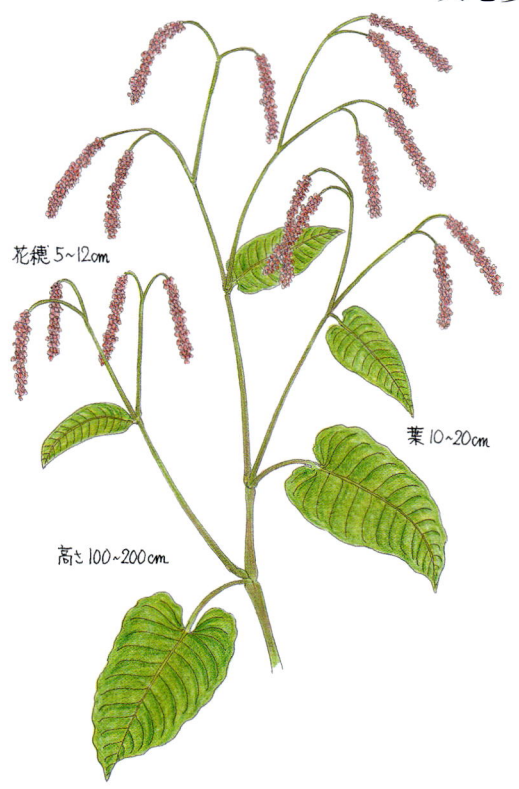

大毛蓼

夏

紅紫青色系

花穂 5~12cm
葉 10~20cm
高さ 100~200cm

タデ科。花は8〜11月。アジア原産。今は注目されない草ですが、江戸時代には観賞用として栽培されていました。花の色は濃い赤紫色のものもあります。現在の定住地は河原や道端になりました。

| 見られる所 | 1号 | 2号 | 3号 | 4号 | 5号 | 6号 | 稲荷 | 梅蛇 | 日影 |

夏

ミチヤナギ

道柳

紅紫青色系

花 0.5cm

葉 2~3cm

高さ 10~40cm

タデ科。花は5〜10月。道端や荒れ地など、どこででも見られます。花が小さくわかりにくいのですが、薄緑色の花弁のふちを白かピンクで彩る細工が施してあります。名の由来は葉がヤナギの葉に似ているからです。

| 見られる所 | 1号 | 2号 | 3号 | 4号 | 5号 | 6号 | 稲荷 | 梅蛇 | 日影 |

夏

アカバナ

赤花

紅紫青色系

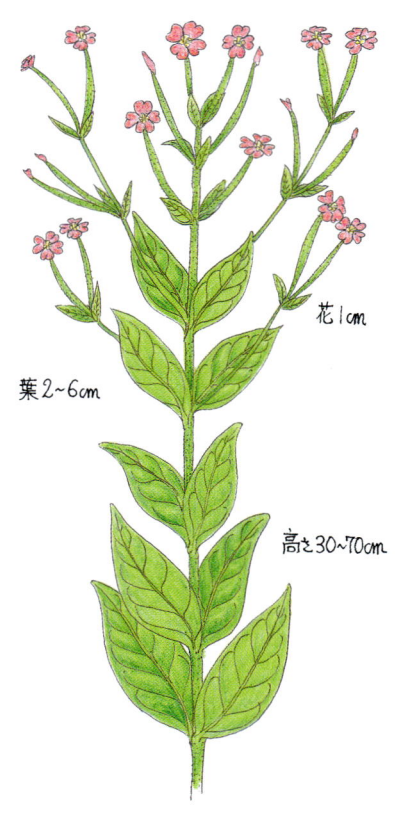

花1cm
葉2~6cm
高さ30~70cm

アカバナ科。花は6～9月。花が終わると葉や茎も赤くなるのでアカバナの名がつきました。日の当たる湿ったところに生えています。名が簡単過ぎるのでかえって覚えにくいのか、よく花の名を聞かれます。

見られる所	1号	2号	3号	4号	5号	6号	稲荷	梅蛇	日影
								●	

夏

ニシキソウ

錦草

紅紫青色系

葉0.4〜1cm

茎10〜25cm
地を這って広がる

トウダイグサ科。花は7〜10月。地を這って増えるので目につきにくいのですが、緑の葉と赤い茎のみごとな対比を錦にたとえた名です。日の当たる石垣の隙間などに生えています。

| 見られる所 | 1号 | 2号 | 3号 | 4号 | 5号 | 6号 | 稲荷 | 梅蛇 | 日影 |

コニシキソウ
小錦草

葉 0.7〜1cm

茎 10〜20cm
地を這って広がる

紅紫青色系

トウダイグサ科。花は6〜9月。元大関小錦があんなに大きな身体でなぜ小錦なのか？ちゃんとした由来はあるのでしょうが、この草がアメリカ原産だからと納得しました。ニシキソウよりたくさん見られます。

| 見られる所 | 1号 | 2号 | 3号 | 4号 | 5号 | 6号 | 稲荷 | 梅蛇 | 日影 |

ゲンノショウコ

現の証拠

夏

紅紫青色系

花 1〜1.5cm

高さ 30〜60cm

葉 5〜13cm

フウロソウ科。花は7〜10月。下痢止めの民間薬として有名です。飲むとすぐ効果があるのが名の由来です。よく似たタチフウロ（立風露）は葉が5〜7裂ですがゲンノショウコは3〜5裂です。

見られる所	1号	2号	3号	4号	5号	6号	稲荷	梅蛇	日影

ミツバフウロ

三葉風露

夏

紅紫青色系

花 1~1.5cm
葉 4~13cm
高さ 30~80cm

フウロソウ科。花は7～10月。ゲンノショウコと並んで生えていることも多く、知名度からゲンノショウコと誤解されます。葉がミツバフウロは3裂、ゲンノショウコは3～5裂、タチフウロは5～7裂です。

見られる所	1号	2号	3号	4号	5号	6号	稲荷	梅蛇	日影
						6号			

夏

アメリカフウロ

アメリカ風露

紅紫青色系

花 1〜2cm

葉 5〜10cm

高さ 10〜40cm

フウロソウ科。花は5〜9月。花がいっぱい咲くので小鉢で栽培されているのをよく見かけます。北アメリカ原産ですが急速に野生化が進行中です。葉の切れ込みが細かいので、他のフウロソウ科と見分けてください。

| 見られる所 | 1号 | 2号 | 3号 | 4号 | 5号 | 6号 | 稲荷 | 梅蛇 | 日影 |

チダケサシ

乳茸刺

花 0.4cm

花の色は白から濃い紫まである

葉 1〜4cm
高さ 30〜80cm

紅紫青色系

夏

ユキノシタ科。花は6〜8月。チチタケ（乳茸）をチダケサシの茎に刺して持ち帰ったことからの名で、花は普通は淡紅色ですが、白からかなり濃いものまであります。湿った草地などで見られます。

| 見られる所 | 1号 | 2号 | 3号 | 4号 | 5号 | 6号 | 稲荷 | 梅蛇 | 日影 |

夏

フシグロセンノウ

節黒仙翁

紅紫青色系

花 5cm

葉 4〜12cm

高さ 40〜80cm

ナデシコ科。花は7〜10月。名のとおり節が黒です。林の中に生えています。大きな花の橙色がよく目立ち、他の野草と見間違うこともないでしょう。数が少ないので見つけにくいと思います。

| 見られる所 | 1号 | 2号 | 3号 | 4号 | 5号 | 6号 | 稲荷 | 梅蛇 | 日影 |

ムシトリナデシコ
虫捕り撫子

夏

紅紫青色系

花1cm
葉3〜5cm
粘液が出てネバネバする
高さ30〜60cm

ナデシコ科。花は5〜7月。ヨーロッパ原産で日本へは江戸時代に入りました。上部の節の下から粘液を出すので虫がくっつきます。子どもに説明するとすぐ蟻を捕まえてきて試します。

| 見られる所 | 1号 | 2号 | 3号 | 4号 | 5号 | 6号 | 稲荷 | 梅蛇 | 日影 |

アカソ

赤麻

花穂 5~20cm

葉 8~20cm

高さ 50~80cm

イラクサ科。花は7～9月。花穂も茎も赤くなりよく目立ち、葉も大きく切れ込みもはっきりしていて迫力があります。小型で逆さ八の字模様をもつサカハチチョウ（蝶）の食草です。

| 見られる所 | 1号 | 2号 | 3号 | 4号 | 5号 | 6号 | 稲荷 | 梅蛇 | 日影 |

コアカソ

小赤麻

夏

紅紫青色系

花穂 10~20cm

葉 4~8cm

高さ 100~200cm

イラクサ科。花は8～9月。コアカソは小低木なので野草とはいえませんが、アカソと間違う人が多いので載せました。アカソと同じように花穂も茎も赤くなります。アカソよりずっとたくさん見られます。

| 見られる所 | 1号 | 2号 | 3号 | 4号 | 5号 | 6号 | 稲荷 | 梅蛇 | 日影 |

夏

ヒルザキツキミソウ

昼咲き月見草

紅紫青色系

花 5cm

葉 5~7cm

高さ 30~60cm

アカバナ科。花は5〜7月。北アメリカ原産。月見草（マツヨイグサなど）は夕方から咲きますが、これは昼でも咲いています。観賞用として栽培されていましたが、今は野生化しています。

見られる所	1号	2号	3号	4号	5号	6号	稲荷	梅蛇	日影

ヤブガラシ

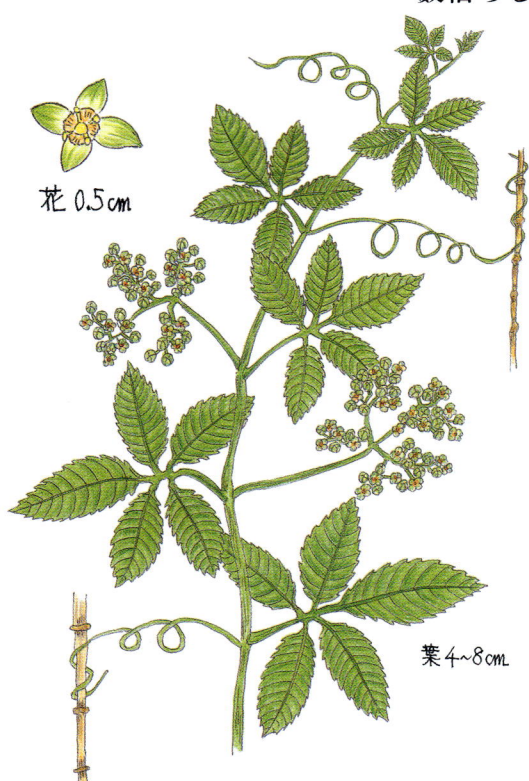

藪枯らし

花 0.5cm

葉 4〜8cm

紅紫青色系

夏

ブドウ科。花は6〜8月。どんどん繁殖して他の植物の上に覆いかぶさっていきます。花の集まりの中央部は初め紅色ですが次第に橙色に変わります。手入れの悪い庭に多いことからビンボウカズラ（貧乏蔓）とも呼ばれます。

見られる所	1号	2号	3号	4号	5号	6号	稲荷	梅蛇	日影

夏 ハゼラン

米花蘭

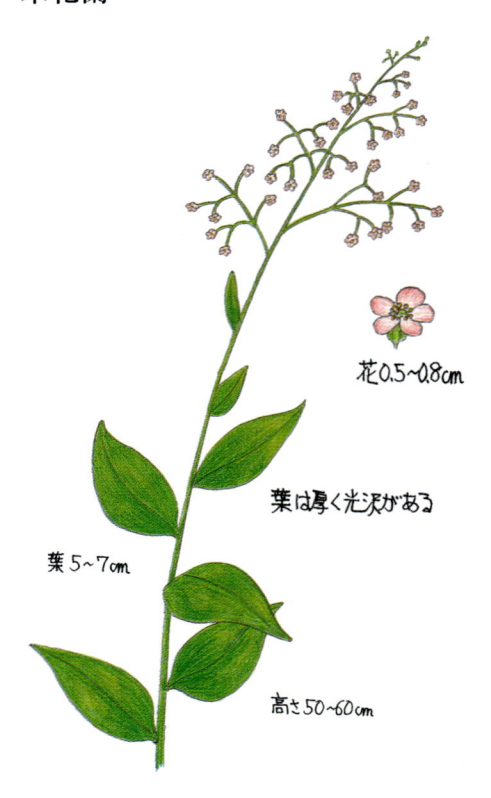

紅紫青色系

花 0.5～0.8cm

葉は厚く光沢がある

葉 5～7cm

高さ 50～60cm

スベリヒユ科。花は7～9月。熱帯アメリカ原産。やや湿ったところに見られます。小さい花がいっぱい咲き、種子を庭に撒くとどんどん増えて、今度は退治するのに困るほどです。

| 見られる所 | 1号 | 2号 | 3号 | 4号 | 5号 | 6号 | 稲荷 | 梅蛇 | 日影 |

ヤブカンゾウ

藪萱草

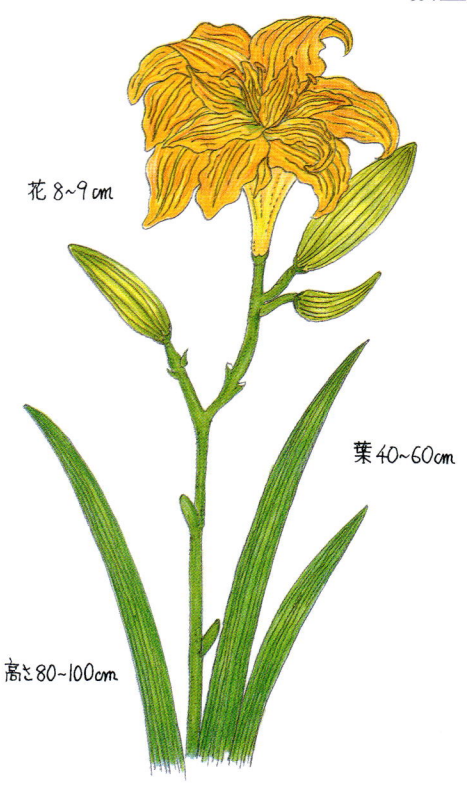

夏

紅紫青色系

花 8~9cm

葉 40~60cm

高さ 80~100cm

ユリ科。花は7〜8月。昔、中国から入ったといわれています。若芽や蕾は食用となり山菜としても知られています。花は八重咲きで、よく似たノカンゾウは一重咲きです。林のふちなどに生えています。

見られる所	1号	2号	3号	4号	5号	6号	稲荷	梅蛇	日影
									●

夏

オニユリ

鬼百合

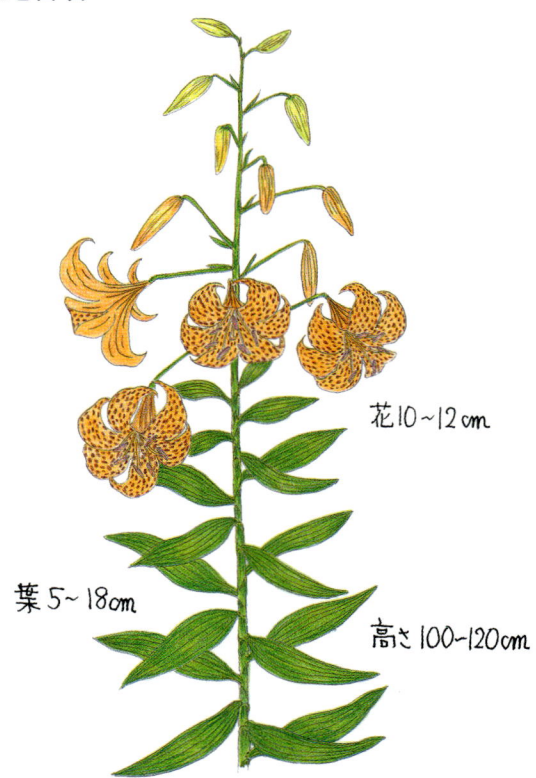

紅紫青色系

花10~12cm

葉5~18cm

高さ100~120cm

ユリ科。花は7～8月。高尾山でずっと探していましたが見つけることができませんでした。日本には古い時代に中国から鱗茎を食用とするため入り栽培されていたとする説が有力です。参考のために載せました。

| 見られる所 | 1号 | 2号 | 3号 | 4号 | 5号 | 6号 | 稲荷 | 梅蛇 | 日影 |

ジャノヒゲ

蛇の鬚

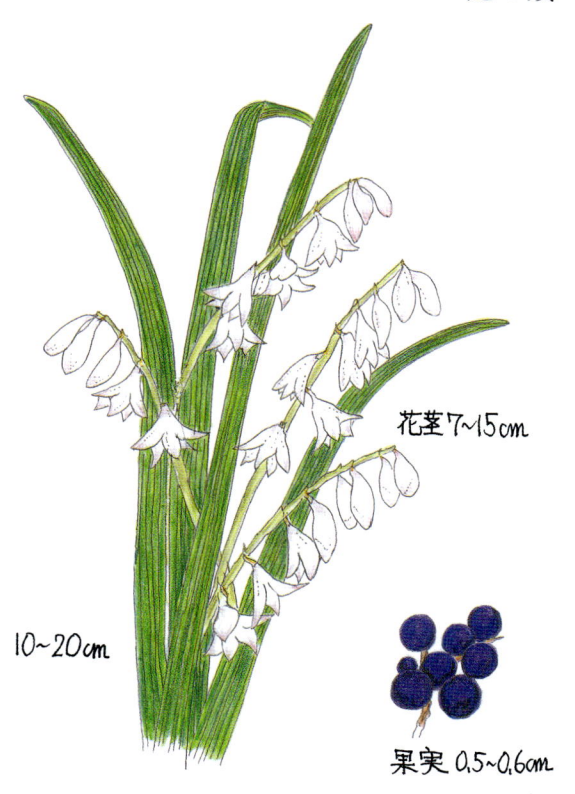

夏

紅紫青色系

花茎 7〜15cm

10〜20cm

果実 0.5〜0.6cm

ユリ科。花は7〜8月。常緑で庭や歩道の脇の植え込みに多く使われています。別名はリュウノヒゲ(竜の鬚)。大型のオオバジャノヒゲ(大葉蛇の鬚)もよく見られます。花は淡紅色ですが白色のものもあります。

| 見られる所 | 1号 | 2号 | 3号 | 4号 | 5号 | 6号 | 稲荷 | 梅蛇 | 日影 |

夏

コバギボウシ

小葉擬宝珠

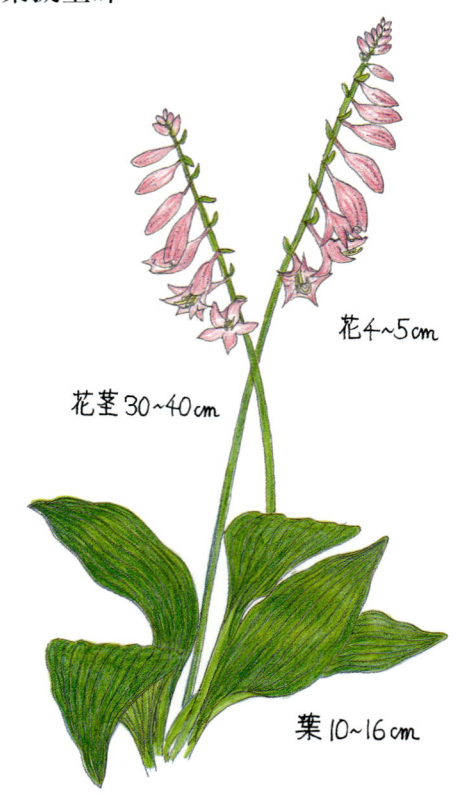

紅紫青色系

花4~5cm

花茎30~40cm

葉10~16cm

ユリ科。花は7～8月。日当たりのよい湿地などでよく見られます。擬宝珠とは橋の欄干を飾るもののことです。大型のオオバギボウシもよく見られますが、形が同じなので大きさで判断してください。

| 見られる所 | 1号 | 2号 | 3号 | 4号 | 5号 | 6号 | 稲荷 | 梅蛇 | 日影 |

ヤブラン 夏

藪蘭

紅紫青色系

花茎 30〜50cm

葉 30〜60cm

花 0.4cm

ユリ科。花は8〜10月。常緑で葉に光沢がありしかも丈夫なことから、庭にもよく植えられます。ランと名がついていますがユリ科です。林の下などに生えます。花がまばらで葉が細いヒメヤブランも見られます。

見られる所	1号	2号	3号	4号	5号	6号	稲荷	梅蛇	日影

夏

ネジバナ

捩花

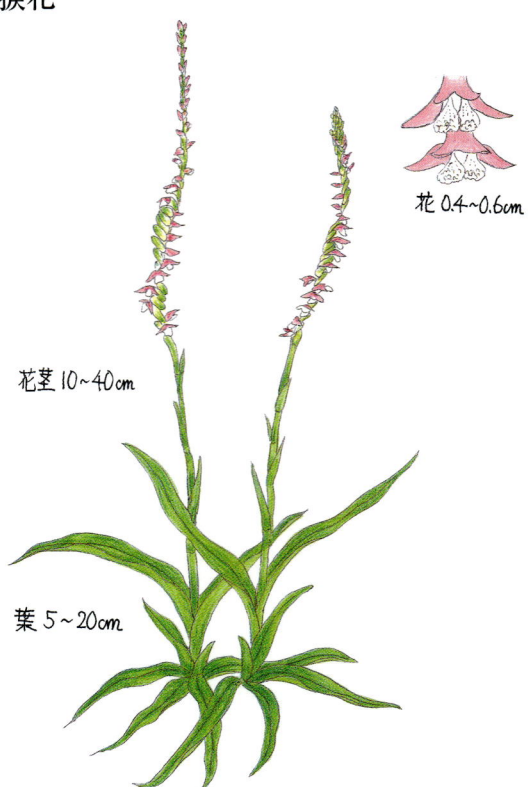

花 0.4~0.6cm

花茎 10~40cm

葉 5~20cm

紅紫青色系

ラン科。花は5〜9月。街では芝生の中に咲いているものをよく見ます。花穂のねじれがおもしろいのでねじれを調べる人も見かけます。ねじれは右巻き左巻き両方で、途中から向きを変えるものもあります。別名モジズリ。

| 見られる所 | 1号 | 2号 | 3号 | 4号 | 5号 | 6号 | 稲荷 | 梅蛇 | 日影 |

ツユクサ

露草

花 3cm

葉 5~8cm

高さ 30~50cm

紅紫青色系

夏

ツユクサ科。花は6～9月。少し湿った道端や空き地などどこにでも見られます。別名はボウシバナ（帽子花）。花を青い帽子に見立てたものです。花を染料に用いたのでツキクサ（着草）とも呼ばれました。

| 見られる所 | 1号 | 2号 | 3号 | 4号 | 5号 | 6号 | 稲荷 | 梅蛇 | 日影 |

夏

ムラサキツユクサ

紫露草

紅紫青色系

花 2〜5cm
葉 10〜30cm
高さ 60〜120cm

ツユクサ科。花は6〜7月。北アメリカ原産。花が大きく見ごたえがあることから一時盛んに植えられました。花は朝早くから咲きますが午後にはしぼみます。ツユクサの仲間の花弁は3枚です。

| 見られる所 | 1号 | 2号 | 3号 | 4号 | 5号 | 6号 | 稲荷 | 梅蛇 | 日影 |

ハキダメギク

掃溜菊

夏

白色系

花0.5〜0.8cm
葉4〜6cm
高さ15〜60cm

キク科。花は6〜11月。熱帯アメリカ原産。大正時代に、世田谷の掃き溜めで初めて見つかったことからこんな名がつきました。普段は雑草として見向きもされませんが、晩秋の花はきれいです。

| 見られる所 | 1号 | 2号 | 3号 | 4号 | 5号 | 6号 | 稲荷 | 梅蛇 | 日影 |

夏 ヤブレガサ

破れ傘

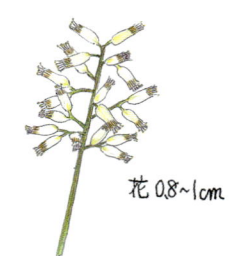

白色系

花 0.8~1cm

高さ 50~100cm

葉 30~40cm

キク科。花は7〜10月。名は若い時期の姿が破れた傘が開いた形に似ていることからつけられました。花のころに「あっ　ヤブレガサ！」のハイカーの声を聞きますが、モミジガサと間違えていることも多いのです。

| 見られる所 | 1号 | 2号 | 3号 | 4号 | 5号 | 6号 | 稲荷 | 梅蛇 | 日影 |

モミジガサ

紅葉傘

花 0.8~1cm

1ヶ所から5ヶの密花

高さ 90~100cm

葉 15~25cm

白色系

キク科。花は8～10月。若い苗は山菜として人気があります。葉が掌状に裂けモミジ（カエデ）に似ていることからの名です。あまり日の入らない林の中に生えています。

見られる所	1号	2号	3号	4号	5号	6号	稲荷	梅蛇	日影
		2号					稲荷		

夏

ヤマハハコ

山母子

花0.8~1.2cm

葉 6~9cm

高さ 50~70cm

キク科。花は8〜9月。日当たりのよい草地などに生えています。全体が白い綿毛に覆われていて白っぽく見えます。ヤマハハコは深山に生える野草ですが、高尾山でも見られるのは驚きです。

白色系

見られる所	1号	2号	3号	4号	5号	6号	稲荷	梅蛇	日影

オカトラノオ

岡虎の尾

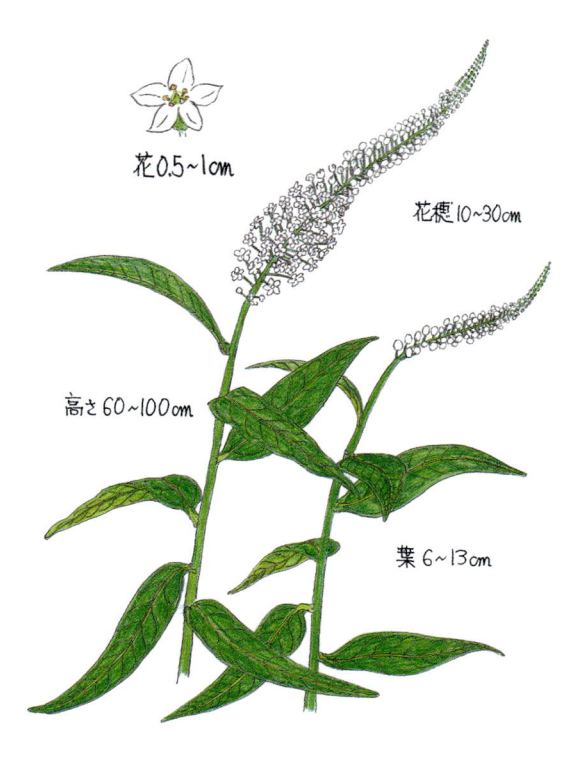

夏

白色系

花 0.5〜1cm
花穂 10〜30cm
高さ 60〜100cm
葉 6〜13cm

サクラソウ科。花は6〜7月。花の最盛期に群生しているオカトラノオはみごとです。花穂が虎の尾に似ているからの名で、小さな花が規則正しくついているのに感心します。よく似たヌマトラノオは花穂が直立します。

| 見られる所 | 1号 | 2号 | 3号 | 4号 | 5号 | 6号 | 稲荷 | 梅蛇 | 日影 |

夏

ヘクソカズラ

屁糞蔓

白色系

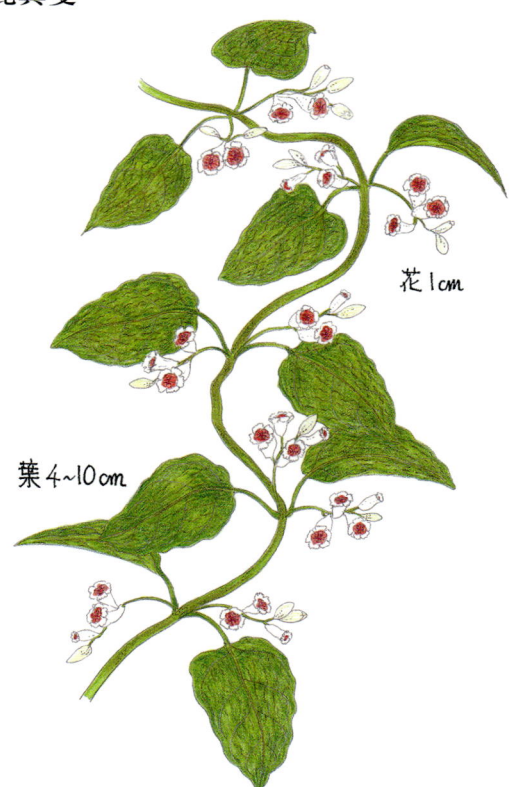

花 1cm

葉 4〜10cm

アカネ科。花は8〜9月。つる性。名がひどいのでかわいそうですが、花や葉を揉むと嫌な臭いがします。中央が赤くかわいい花です。ヤイトバナ（灸花）、サオトメカズラ（早乙女蔓）の名もあります。

| 見られる所 | 1号 | 2号 | 3号 | 4号 | 5号 | 6号 | 稲荷 | 梅蛇 | 日影 |

タケニグサ

竹似草

白色系

花 0.8~1cm

高さ 100~200cm

葉 10~30cm

ケシ科。花は7〜8月。皆さん「どこが竹に似ているの？」と聞きます。茎を切ると竹のような空洞があるから竹似草です。茎を切ると黄色い液が出ますが有毒です。驚いたことに、日本では雑草ですが欧米では園芸植物として用いられるそうです。

| 見られる所 | 1号 | 2号 | 3号 | 4号 | 5号 | 6号 | 稲荷 | 梅蛇 | 日影 |

夏

アカショウマ

赤升麻

白色系

花 0.6~0.8cm

葉 4~10cm

高さ 40~80cm

ユキノシタ科。花は 6～7 月。花穂がサラシナショウマ（P.290）に似ていて、根茎が赤いのでアカショウマです。日の入る林の中などに生えています。チダケサシ（P.155）とも似ていますが花穂の色が違います。

| 見られる所 | 1号 | 2号 | 3号 | 4号 | 5号 | 6号 | 稲荷 | 梅蛇 | 日影 |

イタドリ

虎杖

夏

白色系

葉 6~15cm
花穂 2~7cm
花 数ミリ
高さ 50~150cm

タデ科。花は7～10月。ほとんどの花は白ですが紅色を帯びるものもあります。タケノコそっくりの若い茎は生でも食べられます。荒れ地に強く、火山噴火後の溶岩地帯に最初に入るパイオニア植物でもあります。

| 見られる所 | 1号 | 2号 | 3号 | 4号 | 5号 | 6号 | 稲荷 | 梅蛇 | 日影 |

ウマノミツバ

馬の三葉

花 数ミリ

高さ30~100cm

葉 5~13cm

葉は5裂するものも多い

セリ科。花は7〜9月。ミツバに似ていますがまずくて馬の餌ぐらいにしかならないことからの名です。花は小さく目立ちません。高尾山ではいたるところに生えています。

| 見られる所 | 1号 | 2号 | 3号 | 4号 | 5号 | 6号 | 稲荷 | 梅蛇 | 日影 |

ミツバ

三葉

花 数ミリ

白色系

葉 5~15cm

高さ 30~80cm

セリ科。花は6〜7月。全体に軟らかく感じるのでウマノミツバと間違う人はいません。ミツバは食卓でお馴染みの野菜ですからきっとみつかるでしょう。水辺をよく見てください。

| 見られる所 | 1号 | 2号 | 3号 | 4号 | 5号 | 6号 | 稲荷 | 梅蛇 | 日影 |

夏

ヤブジラミ

藪虱

白色系

高さ30〜70cm

花 数ミリ

セリ科。花は5〜7月。オヤブジラミ（雄藪虱）も生えていますがとてもよく似ていて普通には見分けられません。果実に毛があり、これが衣服にくっつくことを虱にたとえた名です。

| 見られる所 | 1号 | 2号 | 3号 | 4号 | 5号 | 6号 | 稲荷 | 梅蛇 | 日影 |

ミズタマソウ

水玉草

花 数ミリ

白色系

葉 5〜13cm

高さ 20〜60cm

アカバナ科。花は8〜9月。地味な花なので見過ごしてしまいます。果実に毛が密生していて、これに露がついた姿を水玉と表現した名です。よく似たタニタデ（谷蓼）は全体に毛がありません。

見られる所	1号	2号	3号	4号	5号	6号	稲荷	梅蛇	日影
						6号			日影

夏

ドクダミ

蕺草

白色系

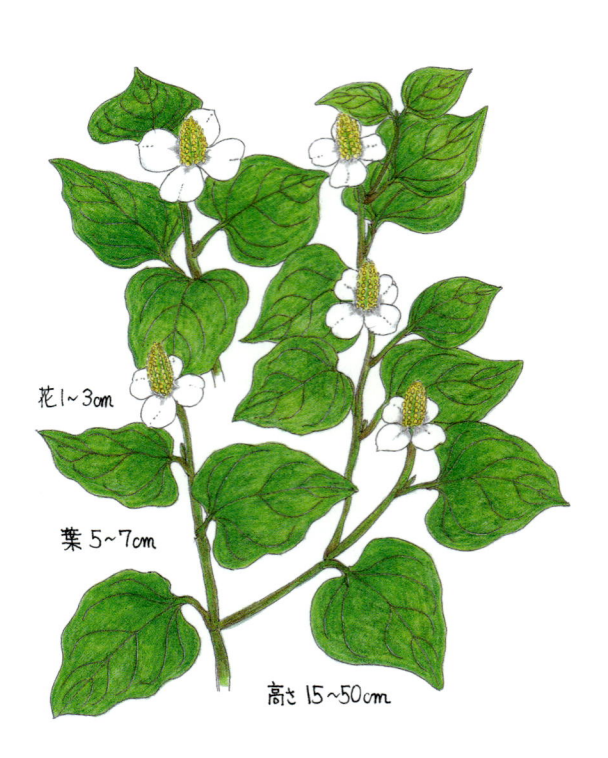

花1〜3cm

葉5〜7cm

高さ15〜50cm

ドクダミ科。花は6〜7月。半日陰の湿地に生えています。家庭では家の裏が定番所在地で近寄ると臭気がします。別名のジュウヤク（十薬）は10の薬効がある薬草の意味です。高尾山でもたくさん見られます。

見られる所	1号	2号	3号	4号	5号	6号	稲荷	梅蛇	日影

ヨウシュヤマゴボウ

洋種山牛蒡

夏

花0.5~0.6cm

白色系

葉10~30cm

高さ100~200cm

ヤマゴボウ科。北アメリカ原産なので別名はアメリカヤマゴボウです。果実は黒紫色に熟しインクのような汁が出るので、アメリカではインク・ベリー（ink berry）と呼ばれます。

| 見られる所 | 1号 | 2号 | 3号 | 4号 | 5号 | 6号 | 稲荷 | 梅蛇 | 日影 |

夏

フウセンカズラ

風船蔓

花 0.3〜0.5cm

フウセンの中に3ヶの黒い種子

白色系

ムクロジ科。花は7〜8月。北アメリカ原産のつる性野草。花も風船の形をした果実も一緒に見られます。果実の形がおもしろいので庭に植えられます。高尾山のものは風船に乗って逃げ出した逃亡者でしょう。

| 見られる所 | 1号 | 2号 | 3号 | 4号 | 5号 | 6号 | 稲荷 | 梅蛇 | 日影 |

ヤマユリ

夏

山百合

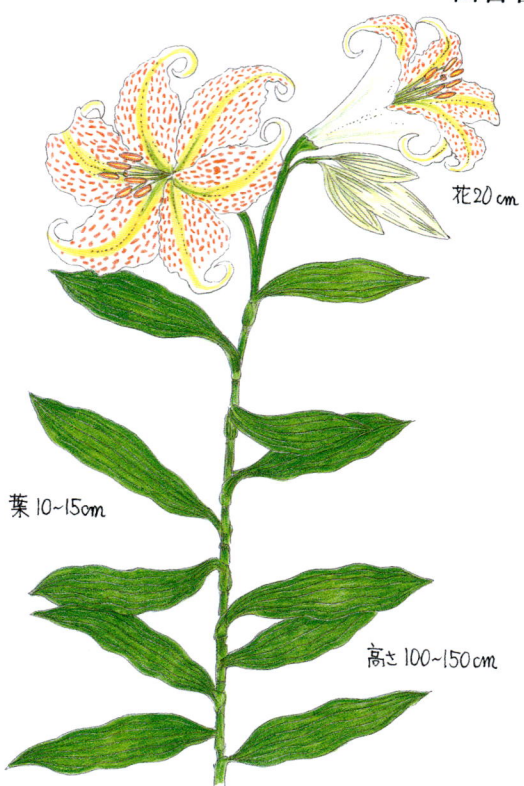

花20cm

白色系

葉10~15cm

高さ100~150cm

ユリ科。花は7〜8月。この花を見つけて黙って通り過ぎる人はいません。日本特産のユリで、強い香りがします。花粉は衣服につくとなかなか取れませんから注意してください。観賞用の栽培も盛んです。

| 見られる所 | 1号 | 2号 | 3号 | 4号 | 5号 | 6号 | 稲荷 | 梅蛇 | 日影 |

夏

ヤマノイモ

山の芋

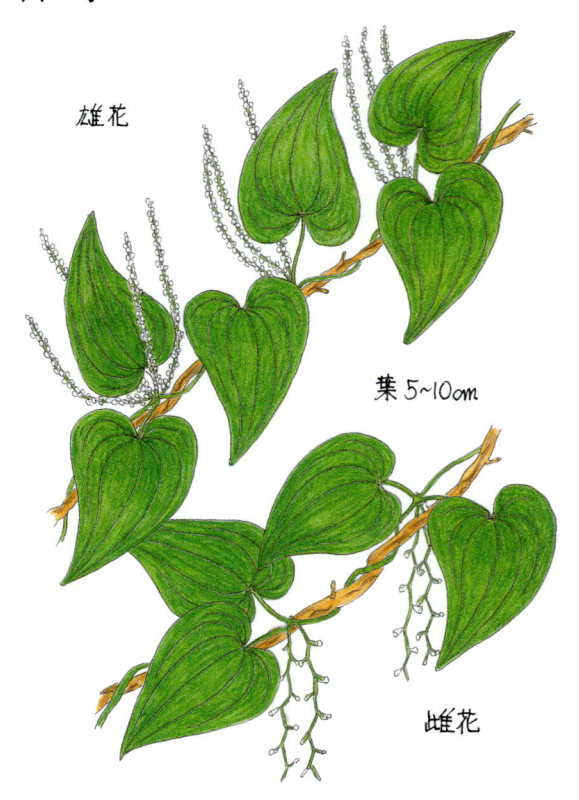

白色系

雄花

葉 5~10cm

雌花

ヤマノイモ科。花は7～8月。ジネンジョ（自然薯）のほうがわかりやすいかもしれません。大方の関心は食べると粘りが強く元気が出ることばかりに向いていますが、白い花も見てやってください。

| 見られる所 | 1号 | 2号 | 3号 | 4号 | 5号 | 6号 | 稲荷 | 梅蛇 | 日影 |

オニドコロ

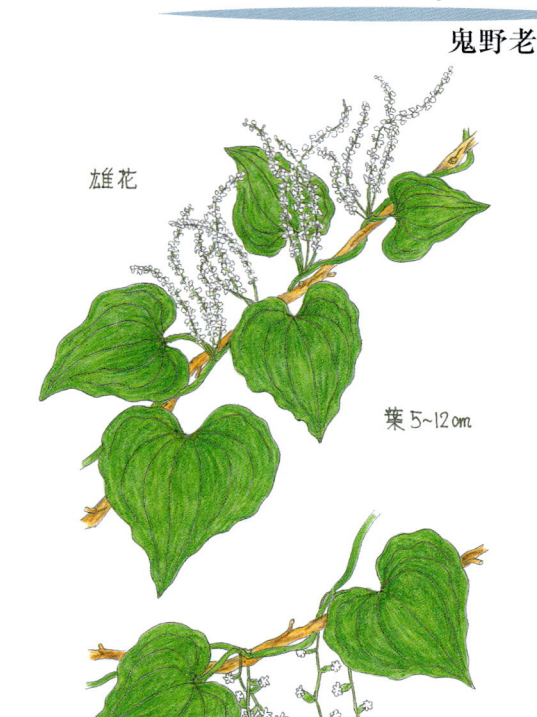

鬼野老

雄花

葉 5〜12cm

雌花

白色系

ヤマノイモ科。花は7〜8月。ヤマノイモと似ていますが葉の違いをよく見てください。根茎は苦味が強くて食べられません。野老とはヒゲ根が多いことを老人にたとえたものです。単にトコロとも呼ばれます。

見られる所	1号	2号	3号	4号	5号	6号	稲荷	梅蛇	日影

夏

ヤブミョウガ

藪茗荷

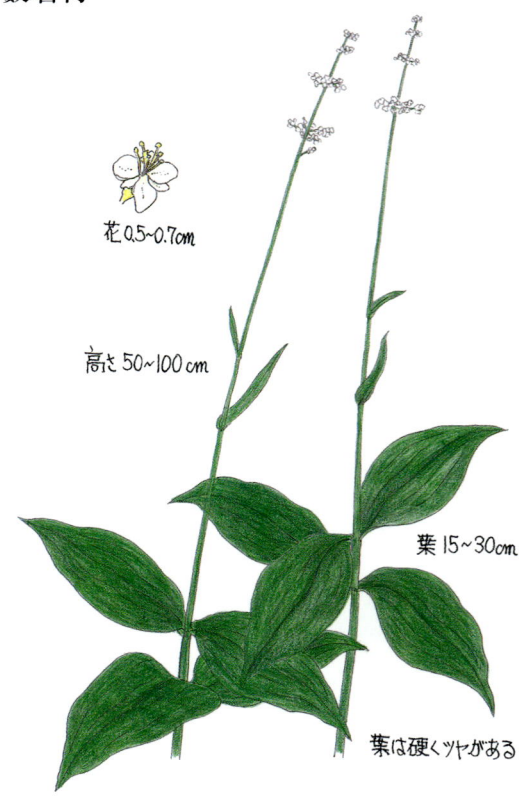

白色系

花 0.5~0.7cm

高さ 50~100cm

葉 15~30cm

葉は硬くツヤがある

ツユクサ科。花は8〜9月。名や葉がミョウガに似ているのでミョウガの仲間と思われがちですが、ツユクサ科の一員です。もちろん食べられません。食べられるミョウガはショウガ科の草です。

| 見られる所 | 1号 | 2号 | 3号 | 4号 | 5号 | 6号 | 稲荷 | 梅蛇 | 日影 |

アレチウリ

夏

荒れ地瓜

その他

花 1cm

葉 10~20cm

ウリ科。花は8〜10月。北アメリカ原産。河原や荒れ地などを一面覆うように生えているのを見たことがあるでしょう。のびる速さに驚かされます。夏には小さな花が咲きますが目立ちません。

見られる所	1号	2号	3号	4号	5号	6号	稲荷	梅蛇	日影
								梅蛇	

ブタクサ

豚草

花 0.3〜0.4cm

その他

高さ30〜100cm

キク科。花は7〜10月。北アメリカ原産。花粉症の元凶として有名です。河原などに群生して他を圧倒している感があります。ブタクサは嫌われる野草のナンバーワンでしょう。名は英名 hog-weed を訳したものです。

| 見られる所 | 1号 | 2号 | 3号 | 4号 | 5号 | 6号 | 稲荷 | 梅蛇 | 日影 |

オオブタクサ
大豚草

夏

その他

葉20~30cm

高さ200~300cm

キク科。花は8〜9月。これも北アメリカからの招かざる客です。ブタクサ同様、河原や土手に群生しています。背も高く葉も大きく目立ちます。ブタクサとは葉の形が違うので見分けは簡単です。

見られる所	1号	2号	3号	4号	5号	6号	稲荷	梅蛇	日影

夏

ヘラオオバコ

箆大葉子

その他

花茎 20~70cm

葉 10~25cm

オオバコ科。花は6〜8月。ヨーロッパ原産。オオバコと違い、ヘラオオバコは見る人を楽しませてくれます。葉がヘラ状で立ち上がり、花が下から咲き上がる花穂の様子がおもしろいのです。

見られる所	1号	2号	3号	4号	5号	6号	稲荷	梅蛇	日影
								梅蛇	日影

イシミカワ

夏

その他

花 0.3cm

茎 100~200cm

葉 2~4cm

タデ科。花は7～10月。全体はママコノシリヌグイ（P.145）とよく似ていますが花の形が違います。また托葉（葉の基部にでる葉）がイシミカワは丸ですが、ママコノシリヌグイは丸に切れ目が入っています。

| 見られる所 | 1号 | 2号 | 3号 | 4号 | 5号 | 6号 | 稲荷 | 梅蛇 | 日影 |

195

夏

ギシギシ

羊蹄

その他

花のつき方

葉 10〜25cm

高さ60〜100cm

タデ科。花は6〜8月。空き地などのやや湿ったところに生え、背丈が大きいので目立ちます。若芽は食用になります。よく似たスイバとは葉の基部の形の違いで見分けられます。

| 見られる所 | 1号 | 2号 | 3号 | 4号 | 5号 | 6号 | 稲荷 | 梅蛇 | 日影 |

夏

スイバ

酸い葉

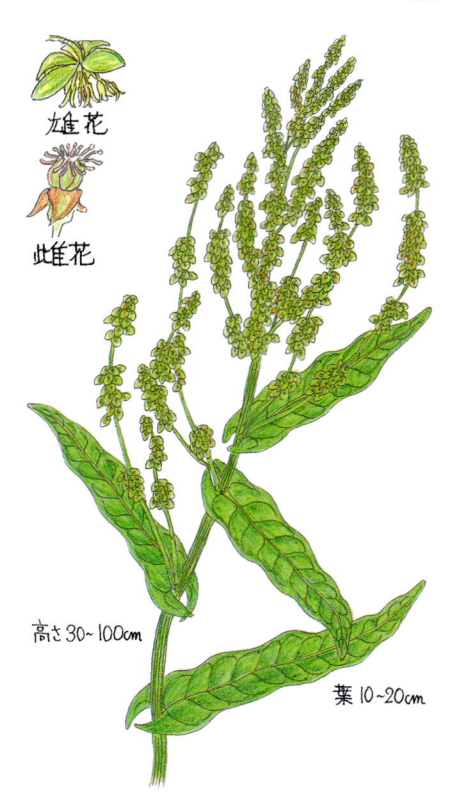

雄花
雌花

高さ 30~100cm
葉 10~20cm

タデ科。花は5～8月。茎をかじったことがあります か？茎や葉に修酸を含んでいて酸味があり、スカンポ の呼び名もあります。葉の基部が矢尻状の形をしてい るので、ギシギシとの見分けは簡単です。

見られる所	1号	2号	3号	4号	5号	6号	稲荷	梅蛇	日影

夏

ウワバミソウ

蟒蛇草

その他

花 数ミリ

葉 4〜10cm

高さ 20〜40cm

イラクサ科。花は4〜8月。葉がきれいにゆがんでいるのが特徴です。ミズとかミズナとも呼ばれ山菜として人気があります。東北の八百屋のおばあさんが「ミズが出てくるとフキが売れなくなる」と言っていました。

| 見られる所 | 1号 | 2号 | 3号 | 4号 | 5号 | 6号 | 稲荷 | 梅蛇 | 日影 |

チドメグサ

血止め草

夏

その他

花 数ミリ

葉 1〜1.5cm

セリ科。花は6〜9月。湿った水辺などで茎の先端まで地を這うようにのびています。血止めに用いたことからの名です。よく似たオオチドメ（大血止め）は花柄を長く伸ばし、葉より上部に花が咲きます。

| 見られる所 | 1号 | 2号 | 3号 | 4号 | 5号 | 6号 | 稲荷 | 梅蛇 | 日影 |

カラハナソウ

唐花草

雌花 1.5〜1.8cm
葉 5〜15cm
雄花

クワ科。花は 8 〜 9 月。ビールに使うホップの野生種です。雌花を噛むと苦味がします。雄花と雌花とは形が全く違い、松傘状が雌花です。つる性で他の植物にからまりながら大きくのびます。

見られる所	1号	2号	3号	4号	5号	6号	稲荷	梅蛇	日影

カナムグラ

鉄葎

雄花

雌花

その他

葉 5〜12cm

クワ科。花は8〜10月。茎や葉に下向きの刺があり皮膚を傷つけるほどです。藪などで大いに繁殖しています。百人一首の「八重むぐら　しげれる宿の……」のヤエムグラはこのカナムグラのことです。

見られる所	1号	2号	3号	4号	5号	6号	稲荷	梅蛇	日影
		2号							

ノブドウ

野葡萄

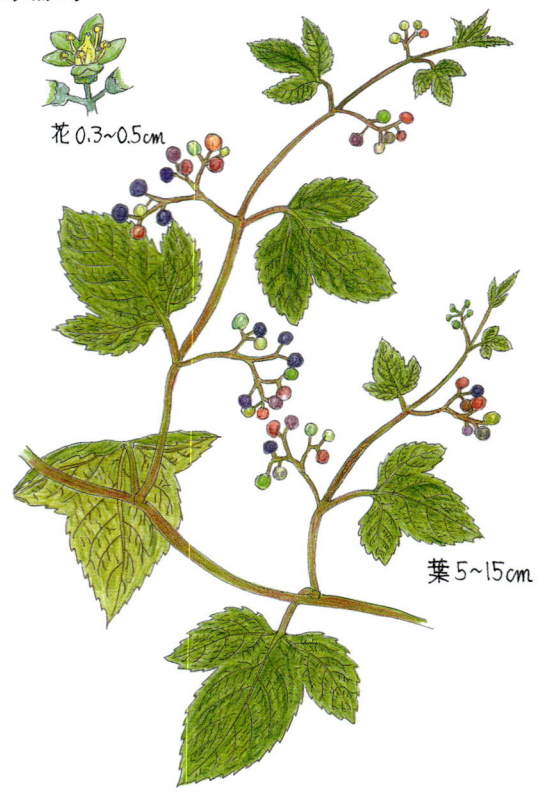

花 0.3~0.5cm

葉 5~15cm

ブドウ科。花は7～8月。ブドウと名がついていますが食べられません。花はともかく、果実は淡緑色・紫色・青色など様々でおもしろいものです。どうしてこれほどまでに不統一なのかと思ってしまいます。

| 見られる所 | 1号 | 2号 | 3号 | 4号 | 5号 | 6号 | 稲荷 | 梅蛇 | 日影 |

タチアオイ

立葵

夏

その他

花 7〜10cm

高さ 200〜300cm

アオイ科。花は6〜8月。中国・小アジア原産。花の色は白・クリーム・淡紅色・濃紅色など様々です。花の少ない暑い時期に、空き地や道端に咲いている姿がよく見られます。園芸種には八重咲きのものや花弁が細かく切れ込むものもあります。

見られる所	1号	2号	3号	4号	5号	6号	稲荷	梅蛇	日影
					5号			梅蛇	

夏

ウバユリ

姥百合

その他

花 1.2〜1.7cm

葉 15〜25cm

高さ 60〜100cm

ユリ科。花は7〜8月。背が高く横向きに咲く花や、茎の中央部だけに集まって葉をつける姿は興味を引きます。名の由来は花の咲くころには「葉がない＝歯がない＝お年寄り＝姥」の語呂合わせです。

| 見られる所 | 1号 | 2号 | 3号 | 4号 | 5号 | 6号 | 稲荷 | 梅蛇 | 日影 |

イヌビエ

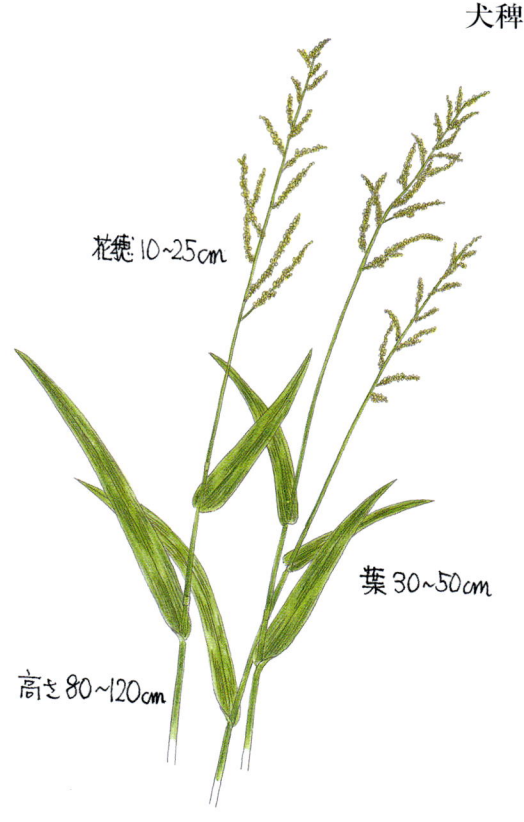

犬稗

夏

その他

花穂 10~25cm

葉 30~50cm

高さ 80~120cm

イネ科。花は8〜11月。街の中のやや湿った道端でもよく見られます。別名ノビエ（野稗）。ヒエ（稗）に似ていても役に立たないのでイヌの名がつきました。特徴もなく覚えにくい野草です。

見られる所	1号	2号	3号	4号	5号	6号	稲荷	梅蛇	日影

夏

メヒシバ

雌日芝

その他

花穂 5〜15cm

葉 8〜20cm

高さ 30〜90cm

イネ科。花は7〜11月。日当たりのよいところならどこにも生えています。オヒシバよりやさしい感じですが、オヒシバ同様草取りで苦労する雑草です。昔の子どもは花穂を曲げて傘を作ったりして遊びました。

| 見られる所 | 1号 | 2号 | 3号 | 4号 | 5号 | 6号 | 稲荷 | 梅蛇 | 日影 |

オヒシバ

雄日芝

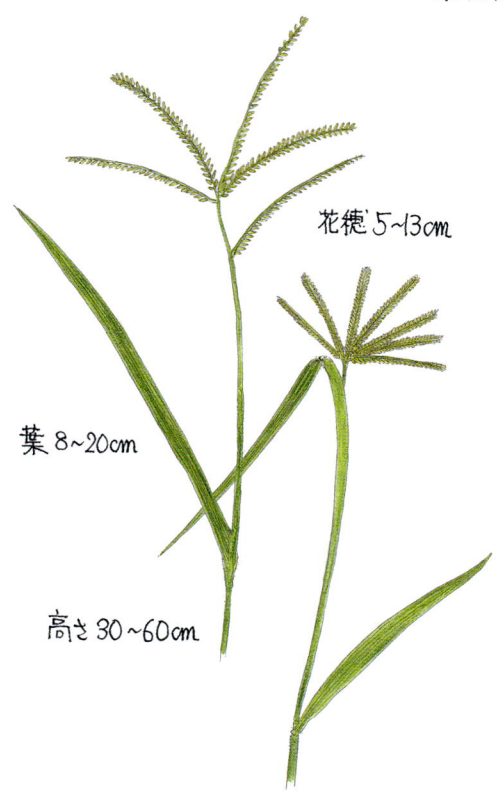

夏

その他

花穂 5~13cm

葉 8~20cm

高さ 30~60cm

イネ科。花は8〜10月。メヒシバより太く頑丈に見えます。なかなか引き抜けないのでチカラグサ(力草)の別名もあります。メヒシバと混在していることも多いので比べて見てください。

| 見られる所 | 1号 | 2号 | 3号 | 4号 | 5号 | 6号 | 稲荷 | 梅蛇 | 日影 |

夏

ネズミムギ

鼠麦

その他

高さ50〜90cm　葉15〜25cm

イネ科。花は6〜8月。イタリアン・ライグラスの名で牧草として導入したものが野生化し、今は河川敷で群生しています。最近はホソムギ（細麦）との雑種が増えているそうです。

| 見られる所 | 1号 | 2号 | 3号 | 4号 | 5号 | 6号 | 稲荷 | 梅蛇 | 日影 |

セイバンモロコシ

西蕃蜀黍

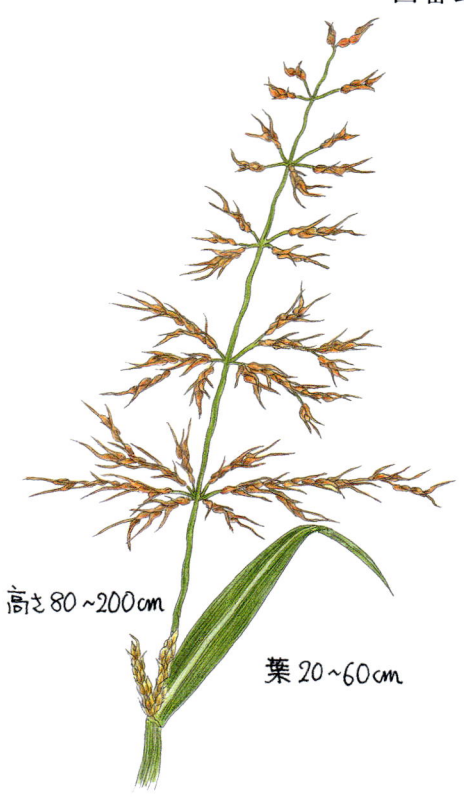

高さ 80〜200cm

葉 20〜60cm

イネ科。花は8〜10月。地中海沿岸原産で、日本では第二次大戦後に急速に増えだし、今は河原や土手でも珍しくなくなりました。背が高く、茶褐色の花穂は雄大でアフリカ的な魅力を感じます。

見られる所	1号	2号	3号	4号	5号	6号	稲荷	梅蛇	日影
								✓	

夏

ヌカキビ

糠黍

その他

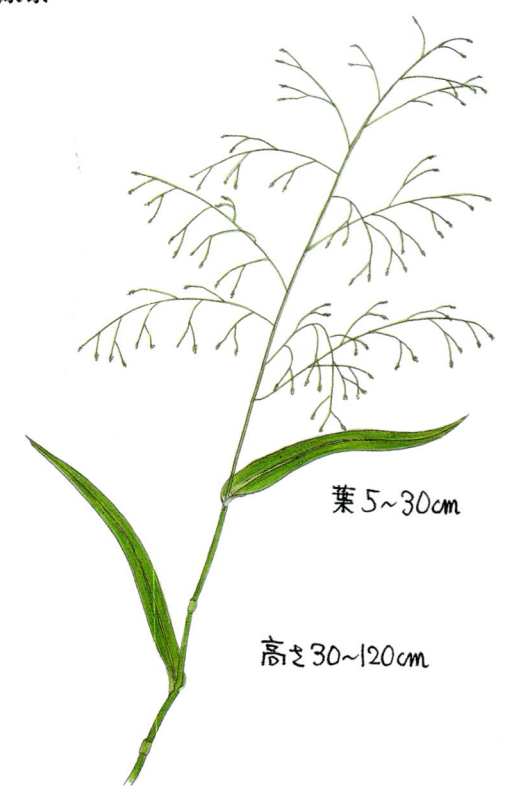

葉 5〜30cm

高さ 30〜120cm

イネ科。花は7〜10月。名は、小さい穂がたくさん散らばってつく姿を糠にたとえたものです。細い枝を横に広げ捕鳥網のようです。高尾山にもイネ科の野草はたくさんありますが、見分けが難しいので省略しました。

| 見られる所 | 1号 | 2号 | 3号 | 4号 | 5号 | 6号 | 稲荷 | 梅蛇 | 日影 |

ナキリスゲ

菜切菅

夏

その他

葉 30~60cm

高さ 40~80cm

カヤツリグサ科。花は8～10月。スゲの仲間は春に穂を出すものが多いのですが、ナキリスゲは夏から秋です。葉のふちがひどくざらつき、菜も切れそうなのでこの名がつきました。

| 見られる所 | 1号 | 2号 | 3号 | 4号 | 5号 | 6号 | 稲荷 | 梅蛇 | 日影 |

夏

カヤツリグサ

蚊帳吊草

その他

花

葉 20~50cm

高さ 20~60cm

カヤツリグサ科。花は8〜10月。茎が三角で、切った茎の両端をつかんで裂くと四角ができます。この四角を蚊帳に見立てた名です。現代人ならこの四角を何にたとえるでしょうか？　一度やってみてください。

| 見られる所 | 1号 | 2号 | 3号 | 4号 | 5号 | 6号 | 稲荷 | 梅蛇 | 日影 |

黄色系の花 …………………… 214
紅紫青色系の花 ……………… 231
白色系の花 …………………… 273
その他の色の花 ……………… 300

秋

秋

キバナアキギリ

黄花秋桐

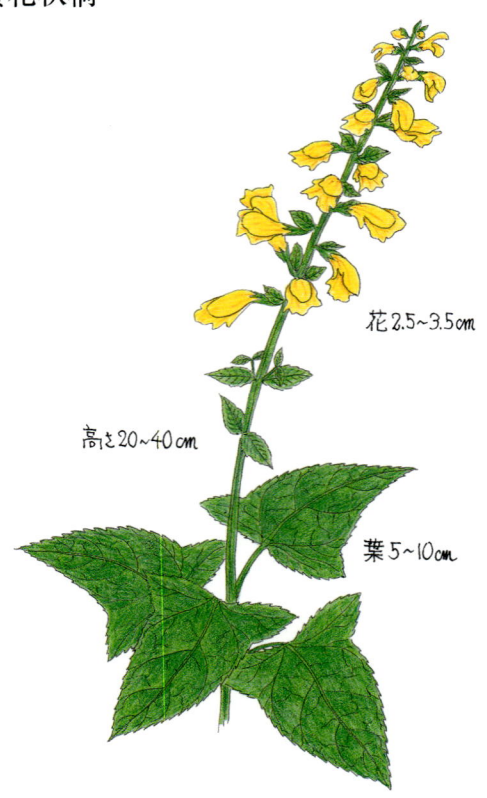

黄色系

花 2.5〜3.5cm

高さ 20〜40cm

葉 5〜10cm

シソ科。花は8〜10月。シソ科の野草は紅色・紫色が中心ですが、これは珍しく黄色。葉の矛型の三角形もおもしろい形です。花の形がキリの花を思わせるので桐の名がつきました。

見られる所	1号	2号	3号	4号	5号	6号	稲荷	梅蛇	日影

ヤクシソウ

薬師草

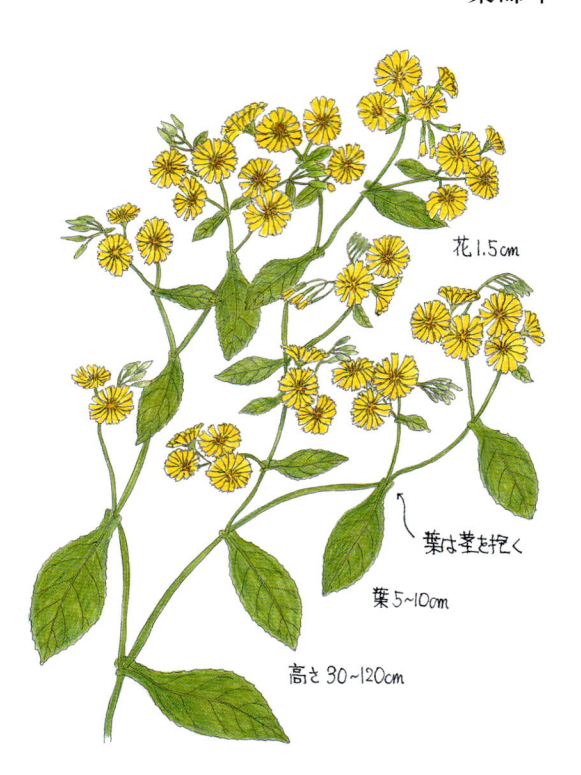

秋

黄色系

花1.5cm

葉は茎を抱く

葉5〜10cm

高さ30〜120cm

キク科。花は8〜10月。必ず覚えていただきたい野草のひとつです。特徴は葉が茎を抱いていることです。日当たりのよいところで、花をあふれるようにつけながら群生しているところはみごとです。

| 見られる所 | 1号 | 2号 | 3号 | 4号 | 5号 | 6号 | 稲荷 | 梅蛇 | 日影 |

秋

ガンクビソウ

雁首草

黄色系

花0.6〜0.8cm

葉 7〜20cm

高さ30〜150cm

キク科。花は6〜10月。花のすぐ下の茎が煙管の雁首のように曲がっていることからの名です。一度見るとすぐ覚えてしまう人が多いのは、形のおもしろさと名からの印象が一致しているからでしょう。

| 見られる所 | 1号 | 2号 | 3号 | 4号 | 5号 | 6号 | 稲荷 | 梅蛇 | 日影 |

シュウブンソウ

秋分草

花 0.5~1cm

葉 7~15cm

高さ 50~100cm

黄色系

キク科。花は9~10月。秋分の頃に花が咲きます。小さくてルーペが必要ですが、この花には舌状花が2列あります。よく似たヤブタバコは筒状花だけです。両者同じようなところに生えています。

見られる所	1号	2号	3号	4号	5号	6号	稲荷	梅蛇	日影

秋

ホソバアキノノゲシ

細葉秋の野罌粟

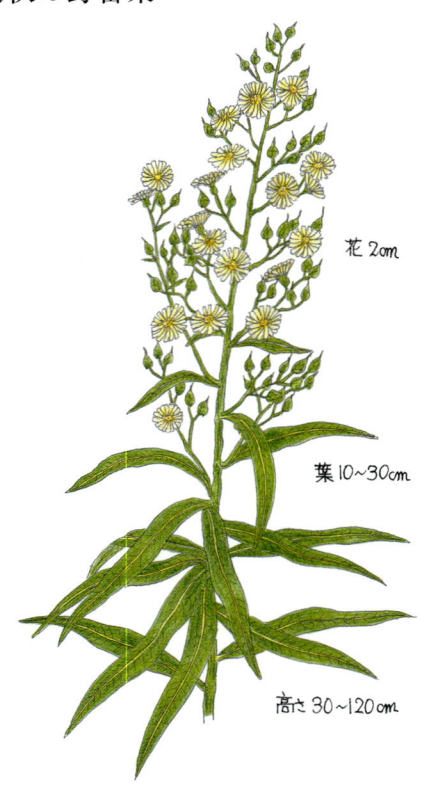

黄色系

花 2cm

葉 10〜30cm

高さ 30〜120cm

キク科。花は9月頃から、暖かければ冬でも咲いています。よく似たアキノノゲシは葉に切れ込みがありますから簡単に見分けられます。穏やかな色合いの花はいかにも秋の花です。

| 見られる所 | 1号 | 2号 | 3号 | 4号 | 5号 | 6号 | 稲荷 | 梅蛇 | 日影 |

キクイモ

菊芋

秋

黄色系

花 6〜8cm

高さ 150〜300cm

葉 6〜25cm

キク科。花は9〜10月。北アメリカ原産。第二次大戦後の食料不足を補うため栽培されていました（塊茎を食べる）。先年、キクイモの漬物が東北の土産物店で売られているのを見ました。現在は河原などに野生化しています。

見られる所	1号	2号	3号	4号	5号	6号	稲荷	梅蛇	日影
								梅蛇	

セイタカアワダチソウ

背高泡立草

黄色系

花 0.6cm

葉 6〜13cm

高さ 100〜300cm

キク科。花は10〜11月。北アメリカ原産。河原や土手に群生しています。第二次大戦後、全国に急激に増えました。よく似たオオアワダチソウ（大泡立草）は花が7〜9月で群生しません。

見られる所	1号	2号	3号	4号	5号	6号	稲荷	梅蛇	日影

アキノキリンソウ
秋の麒麟草

花 1~1.3cm

葉 7~9cm

高さ 30~80cm

黄色系

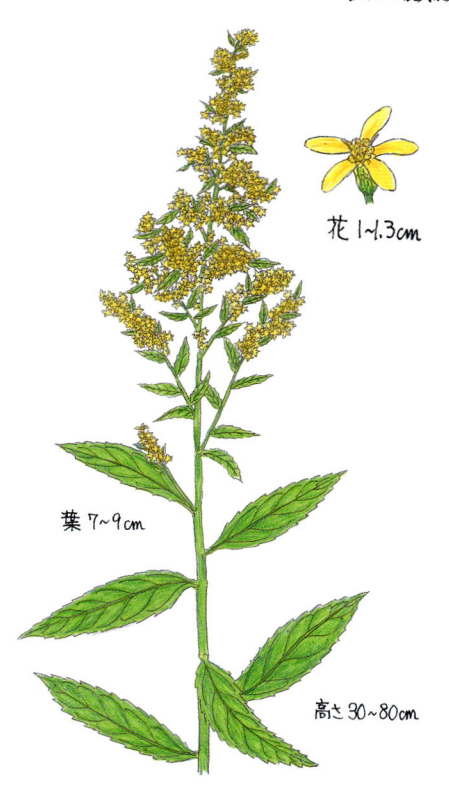

キク科。花は8〜11月。花が集まってつくことからアワダチソウ（泡立草）の名でも呼ばれます。花が黄色なので黄麟草と書くこともあります。春に咲くキリンソウはベンケイソウ科の花です。

| 見られる所 | 1号 | 2号 | 3号 | 4号 | 5号 | 6号 | 稲荷 | 梅蛇 | 日影 |

秋

アメリカセンダングサ

アメリカ栴檀草

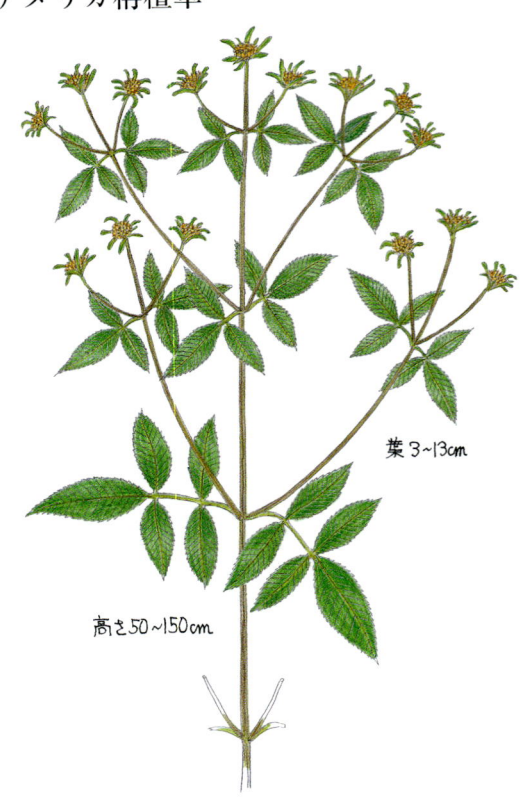

黄色系

葉 3〜13cm

高さ 50〜150cm

キク科。花は9〜10月。湿り気のある河原や道端に生え、葉や茎の出方がきちんと整っている感じがします。キク科では珍しく茎が四角です。セイタカウコギ（背高五加木）とも呼ばれます。

見られる所	1号	2号	3号	4号	5号	6号	稲荷	梅蛇	日影
								●	●

センダングサ

栴檀草

黄色系

花0.7~1cm

葉2~5cm

高さ30~150cm

キク科。花は9〜10月。名はセンダンの葉に似ていることからです。アメリカセンダングサのように整った感じはしません。日本へは古い時代に入ったといわれます。そっくりのコセンダングサもたくさん見られます。

見られる所	1号	2号	3号	4号	5号	6号	稲荷	梅蛇	日影

コメナモミ

小豨薟

秋

黄色系

葉 5〜13cm

高さ 40〜100cm

キク科。花は6〜10月。道路脇などに生えています。高尾山では日影沢付近でよく見ます。メナモミとよく似ていますが花の総苞片が突き出ることと、上部の毛がメナモミのように濃くないところが違います。

| 見られる所 | 1号 | 2号 | 3号 | 4号 | 5号 | 6号 | 稲荷 | 梅蛇 | 日影 |

オオオナモミ

大葈耳

秋

黄色系

果実 1.8~2.5cm

葉 10~25cm

高さ 50~200cm

キク科。花は8～10月。北アメリカ原産。イガのある果実を友達の衣服につけて遊んだことがあるでしょう。なかなか取れないのはイガの先が鈎状に曲がっているからです。似ている小型のオナモミより多く見られます。

| 見られる所 | 1号 | 2号 | 3号 | 4号 | 5号 | 6号 | 稲荷 | 梅蛇 | 日影 |

秋

アカネ

茜

花 0.3~0.4cm

葉 3~7cm

アカネ科。花は8～11月。つる性。山のいたるところに生えています。乾燥した根を熱湯で煮出し、その液で染めたのが茜染めです。江戸時代には目黒や品川付近はアカネの栽培地でした。

見られる所	1号	2号	3号	4号	5号	6号	稲荷	梅蛇	日影

オミナエシ
女郎花

黄色系

花 0.4cm

高さ 60~100cm

オミナエシ科。花は8〜10月。秋の七草のひとつ。日影沢付近の人家の庭に咲き誇っていましたが、私の歩いた山中では見つかりませんでした。形がよく似ていて白い花はオトコエシ（男郎花）です。

| 見られる所 | 1号 | 2号 | 3号 | 4号 | 5号 | 6号 | 稲荷 | 梅蛇 | 日影 |

秋

キツリフネ

黄釣舟

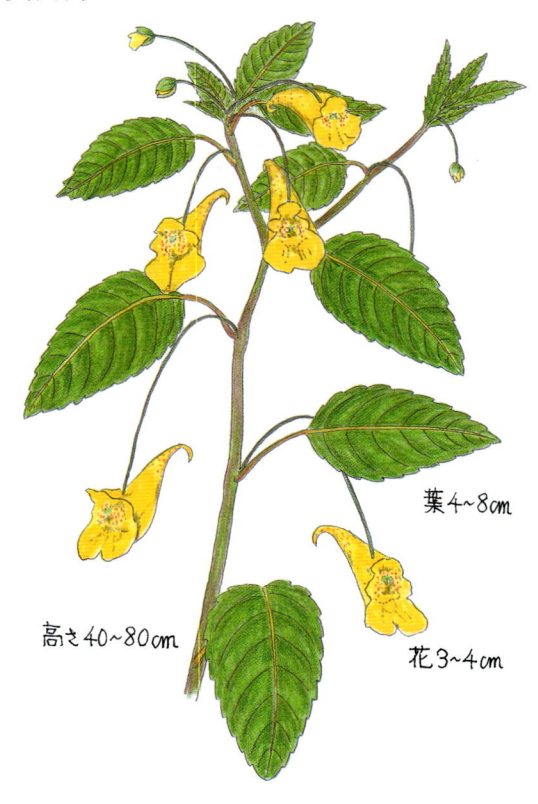

黄色系

葉4~8cm
高さ40~80cm
花3~4cm

ツリフネソウ科。花は6〜9月。黄色の花と形から一目でわかります。キク科以外で秋の黄色の花は貴重です。林のやや湿った斜面などに群生しています。秋の谷あいの道には黄色の花はよく目立ちます。

| 見られる所 | 1号 | 2号 | 3号 | 4号 | 5号 | 6号 | 稲荷 | 梅蛇 | 日影 |

ノササゲ

野豇豆

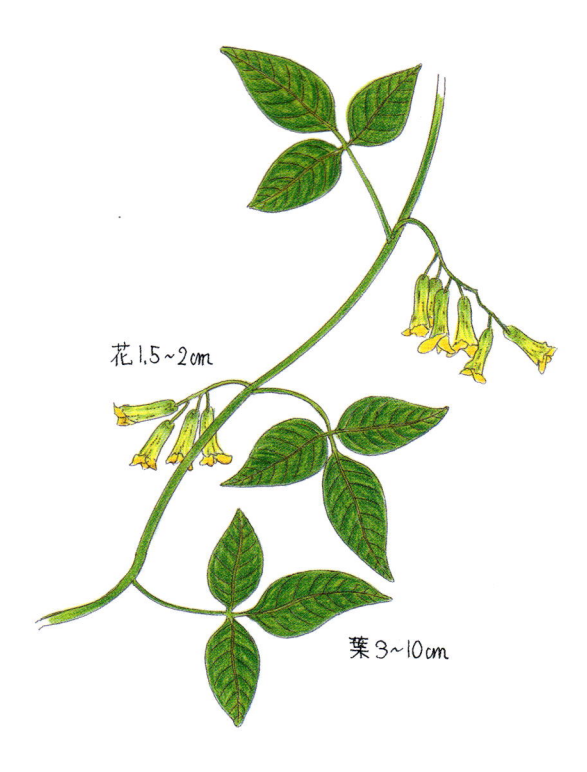

秋

黄色系

花1.5〜2cm

葉3〜10cm

マメ科。花は8〜9月。つる性。別名キツネササゲとも呼ばれ、林のふちなどに生えています。黄色の花もかわいく、果実は熟すとパカっと2つに割れて黒い種子が出てきます。

| 見られる所 | 1号 | 2号 | 3号 | 4号 | 5号 | 6号 | 稲荷 | 梅蛇 | 日影 |

秋

キツネノカミソリ

狐の剃刀

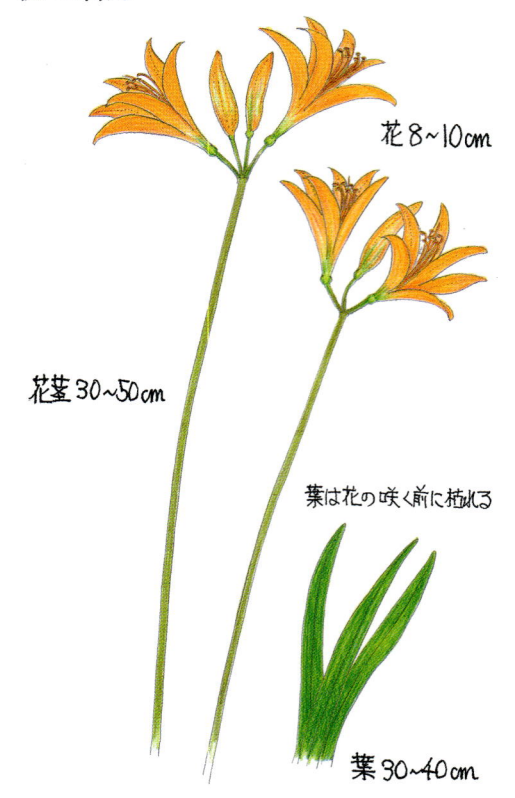

黄色系

花8~10cm

花茎30~50cm

葉は花の咲く前に枯れる

葉30~40cm

ヒガンバナ科。花は8～9月。細い葉を剃刀にたとえた名です。葉が枯れたあと花茎がのびて花をつけるので、花が咲くころには葉はありません。日影沢付近には群生しているところもあります。

| 見られる所 | 1号 | 2号 | 3号 | 4号 | 5号 | 6号 | 稲荷 | 梅蛇 | 日影 |

キツネノマゴ

狐の孫

花 0.6〜0.8cm

葉 2〜5cm

高さ10〜40cm

紅紫青色系

キツネノマゴ科。花は8〜11月。野草につく動物名前ではキツネは毛皮の色の美しさから主役を演じています。しかしこのキツネは、毛皮ではなく花穂がキツネの尾に似ていることからで、1〜2個の花が順に咲き愛嬌があります。

見られる所	1号	2号	3号	4号	5号	6号	稲荷	梅蛇	日影

秋

ハグロソウ

葉黒草

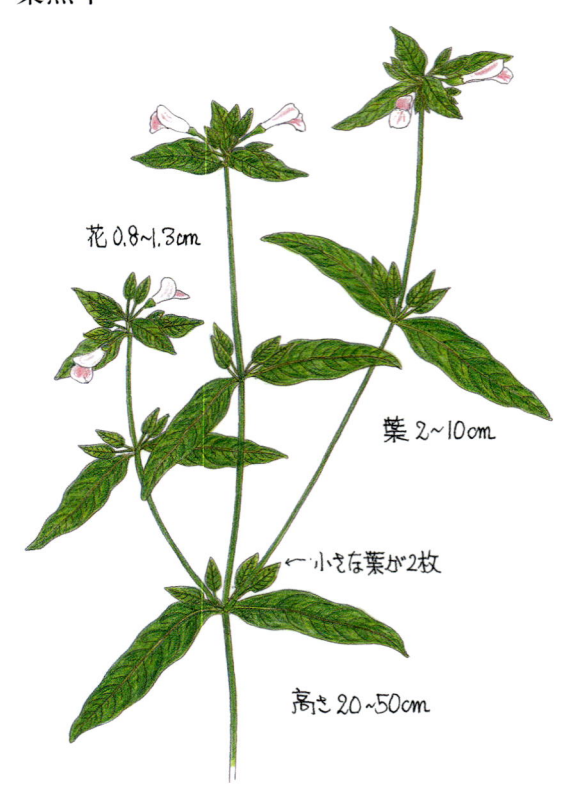

紅紫青色系

花 0.8〜1.3cm

葉 2〜10cm

← 小さな葉が2枚

高さ 20〜50cm

キツネノマゴ科。花は8〜10月。林の下などに生えています。葉が周囲の野草より少し黒ずんでいて、葉の基部に小さな葉が2枚ついているのが特徴です。2枚の花弁が美しいのでよく花の名を聞かれます。

| 見られる所 | 1号 | 2号 | 3号 | 4号 | 5号 | 6号 | 稲荷 | 梅蛇 | 日影 |

カントウヨメナ

関東嫁菜

秋

紅紫青色系

花3cm

葉 6~8cm

高さ50~100cm

キク科。花は7～10月。ヨメナとカントウヨメナの区別は果実の冠毛の長さで見分けます。実際には見分けは難しいので、中部以西はヨメナ、関東以北はカントウヨメナとしておきましょう。

見られる所	1号	2号	3号	4号	5号	6号	稲荷	梅蛇	日影

ノコンギク

野紺菊

紅紫青色系

花 2.5cm
葉 6〜12cm
高さ 50〜100cm

キク科。花は8〜11月。カントウヨメナとの見分けはむずかしいです。葉や茎に硬い毛があり葉はざらつきます。花の色は白っぽいものから紫色に近いものまであり、色の濃いコンギクはノコンギクから作られた園芸種です。

| 見られる所 | 1号 | 2号 | 3号 | 4号 | 5号 | 6号 | 稲荷 | 梅蛇 | 日影 |

ユウガギク

柚香菊

秋

紅紫青色系

花 2.5cm

葉 7~8cm

高さ 40~150cm

キク科。花は7～10月。カントウヨメナやノコンギクより葉のギザギザが深く、葉を揉むとわずかにユズの香りがあるといいますが、実際には香りは感じられません。花はうすい紅紫色ですが白色のものも多く見られます。

| 見られる所 | 1号 | 2号 | 3号 | 4号 | 5号 | 6号 | 稲荷 | 梅蛇 | 日影 |

秋

フジバカマ

藤袴

紅紫青色系

葉 8~13cm

高さ 100~150cm

キク科。花は8〜9月。奈良時代に中国から入ったとされています。葉や茎を乾かすと芳香がするので、昔の中国の人たちは身に着けて香りを楽しんだのだそうです。秋の七草のひとつですが、今では絶滅が心配されている野草のひとつです。

見られる所	1号	2号	3号	4号	5号	6号	稲荷	梅蛇	日影
									●

ベニバナボロギク

紅花襤褸菊

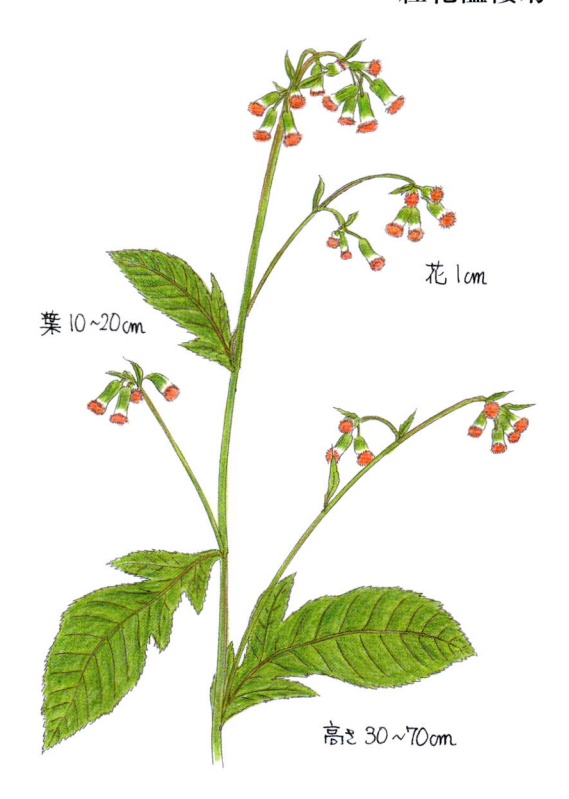

秋

紅紫青色系

花 1cm
葉 10〜20cm
高さ 30〜70cm

キク科。花は8〜10月。アフリカ原産。第二次大戦後に九州で発見され、今は関東まで広がっています。背丈も大きく、赤い花がうなだれてつくのが印象的です。道端や空き地に生えています。

| 見られる所 | 1号 | 2号 | 3号 | 4号 | 5号 | 6号 | 稲荷 | 梅蛇 | 日影 |

シオン

紫苑

花 3~3.5cm

葉はゴワゴワしている

葉 20~35cm

高さ 100~120cm

キク科。花は 8～10 月。現在、自生のものは限られた地方でしか見られないそうです。上の葉になるほど小さくなりますが、あまりに整然と小さくなる生真面目さがおもしろいですね。

| 見られる所 | 1号 | 2号 | 3号 | 4号 | 5号 | 6号 | 稲荷 | 梅蛇 | 日影 |

ヒメシオン
姫紫苑

秋

紅紫青色系

花 0.7~1cm

葉 5~12cm

高さ 30~100cm

キク科。花は8〜10月。ハルジオン（春紫苑、P.51）、ヒメジョオン（姫女苑、P.131）とゴチャゴチャに覚えている人がほとんどです。葉がシオンと同じように整然と上のほうほど小さくなります。湿り気のある道端でもよく見られます。

見られる所	1号	2号	3号	4号	5号	6号	稲荷	梅蛇	日影

239

ノハラアザミ

野原薊

紅紫青色系

粘らない→　　　花は上向き

花1.5~2cm

葉20~30cm

高さ40~100cm

キク科。花は8～10月。高尾山でよく見られるアザミは、このノハラアザミ、トネアザミ（P.242）、アズマヤマアザミです。トネアザミとよく似ていますが、ノハラアザミは花が上向き、トネアザミは横向き～斜め下向きです。

| 見られる所 | 1号 | 2号 | 3号 | 4号 | 5号 | 6号 | 稲荷 | 梅蛇 | 日影 |

アズマヤマアザミ

東山薊

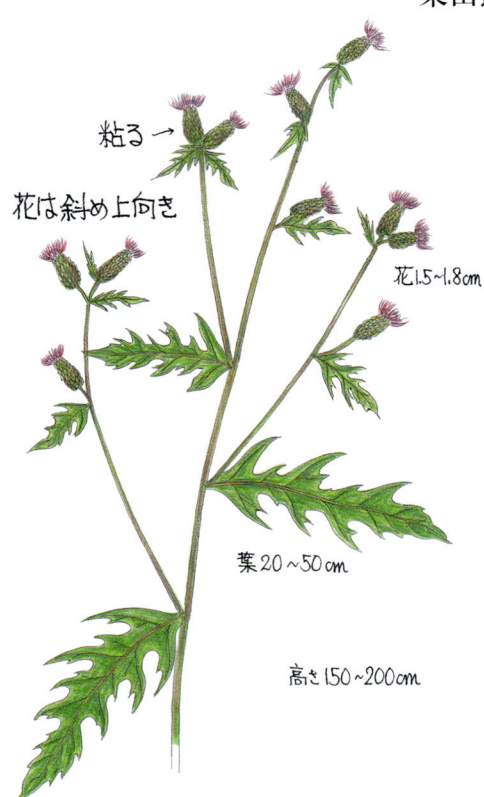

秋

紅紫青色系

粘る →

花は斜め上向き

花 1.5〜1.8cm

葉 20〜50cm

高さ 150〜200cm

キク科。花は9〜11月。花は上向きにつき、花の下にある総苞が筒状で細いので、似ているノハラアザミやトネアザミ（P.242）と区別できます。また、総苞が少しべたつくのでノハラアザミと見分けられます。

見られる所	1号	2号	3号	4号	5号	6号	稲荷	梅蛇	日影

秋

トネアザミ

利根薊

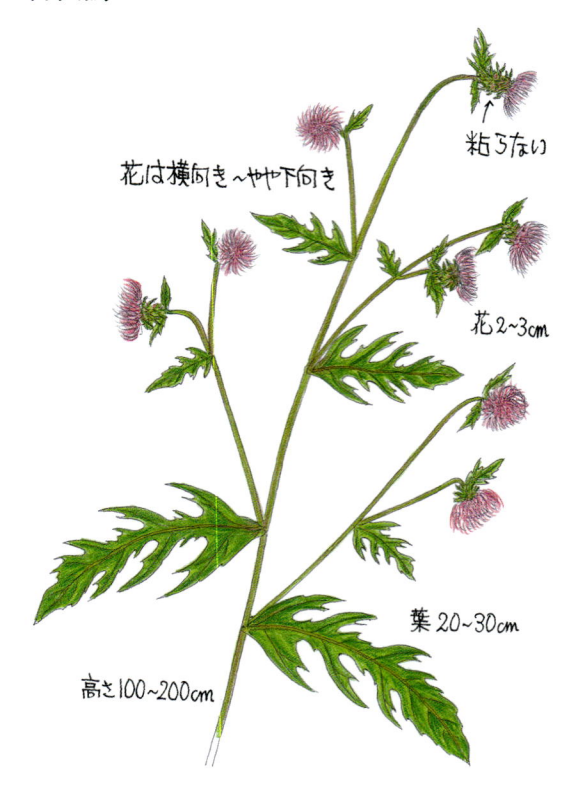

紅紫青色系

花は横向き〜やや下向き

粘らない

花 2〜3cm

葉 20〜30cm

高さ 100〜200cm

キク科。花は 9〜10 月。よく似たノハラアザミとの区別は、ノハラアザミ（P.240）を参考にしてください。トネアザミはナンブアザミの変種で、関東地方でたくさん見られるアザミです。別名はタイアザミ。

| 見られる所 | 1号 | 2号 | 3号 | 4号 | 5号 | 6号 | 稲荷 | 梅蛇 | 日影 |

タムラソウ
田村草

花 2.5cm

高さ 30〜150cm

紅紫青色系

キク科。花は8〜10月。遠目にはアザミですが、近くで見ると葉が軟らかく、刺がないことがわかります。名の田村草の由来はよくわかりません。田村草の名はシソ科のアキノタムラソウにもあります。

| 見られる所 | 1号 | 2号 | 3号 | 4号 | 5号 | 6号 | 稲荷 | 梅蛇 | 日影 |

オヤマボクチ

雄山火口

紅紫青色系

花4~5cm

高さ100~150cm

葉15~35cm

キク科。花は10～11月。山頂付近の日当たりのよいところに生えています。高尾山にはよく似たハバヤマボクチ（葉場山火口）も見られます。火口（ほくち）とは、葉の裏の密生した毛を集めて火をつけるときに用いたということからです。

見られる所	1号	2号	3号	4号	5号	6号	稲荷	梅蛇	日影
					5号				日影

ジャコウソウ

麝香草

花4~4.5cm

葉5~12cm

高さ60~100cm

紅紫青色系

シソ科。花は8~9月。やや湿った谷沿いなどに生えています。葉をゆすると麝香の匂いがするといわれています。よく似ているタニジャコウソウは花の柄が3~4cmと長いので見分けられます。

| 見られる所 | 1号 | 2号 | 3号 | 4号 | 5号 | 6号 | 稲荷 | 梅蛇 | 日影 |

秋

ヒキオコシ

引起し

紅紫青色系

花 0.5〜0.7cm

葉 6〜12cm

高さ 80〜120cm

シソ科。花は9〜10月。葉には強い苦味成分があり健胃薬として知られ、病の重い人でも健康を回復することから引起しの名がついたと伝えられています。やや湿った林の中などに生えています。

| 見られる所 | 1号 | 2号 | 3号 | 4号 | 5号 | 6号 | 稲荷 | 梅蛇 | 日影 |

ヤマハッカ

山薄荷

花 0.7〜0.9cm

葉 3〜6cm

高さ 40〜100cm

紅紫青色系

シソ科。花は9〜10月。ハッカの名から香りを期待して嗅ごうとする人がいますが、ほとんど香りがありません。草地や林のふちなどに生えていて、高尾山ではよく見られます。

| 見られる所 | 1号 | 2号 | 3号 | 4号 | 5号 | 6号 | 稲荷 | 梅蛇 | 日影 |

秋 レモンエゴマ

檸檬荏胡麻

花穂 10〜18cm

葉 7〜12cm

高さ 20〜70cm

シソ科。花は9〜10月。よく似たエゴマ（荏胡麻）は特有の匂いがしますが、レモンエゴマはレモンの匂いです。エゴマ（東南アジア原産）は油をとるために栽培されていました。

紅紫青色系

| 見られる所 | 1号 | 2号 | 3号 | 4号 | 5号 | 6号 | 稲荷 | 梅蛇 | 日影 |

ナギナタコウジュ
薙刀香薷

花穂 4〜7cm

葉 3〜6cm

高さ 30〜60cm

シソ科。花は9〜10月。花穂の片側に花がつき、一目で名の意味が理解できます。キンポウゲ科は春の野草ファッション界のリーダーと紹介しましたが、シソ科の野草は春夏秋とも安定した美しさを見せてくれます。

紅紫青色系

見られる所	1号	2号	3号	4号	5号	6号	稲荷	梅蛇	日影

セキヤノアキチョウジ

関屋の秋丁字

紅紫青色系

花0.5〜0.6cm
葉5〜15cm
高さ30〜90cm

シソ科。花は9〜10月。この花もシソ科の花の美しさを代表していて、自然のキャンバスに青紫色の3等星をちりばめたようです。関屋とは番所のことで、箱根の関所近くに多く生えていたことが名の由来です。

| 見られる所 | 1号 | 2号 | 3号 | 4号 | 5号 | 6号 | 稲荷 | 梅蛇 | 日影 |

アキノタムラソウ

秋の田村草

花穂 10〜25cm

葉 2〜5cm

高さ 20〜50cm

紅紫青色系

シソ科。花は7〜11月。他の花が少なくなった11月でも見られます。大きさの違いがかなりあるので注意してください。名の由来は不明ですが蝦夷征討の坂上田村麻呂と何か関係があるのかなと想像しています。

見られる所	1号	2号	3号	4号	5号	6号	稲荷	梅蛇	日影

秋

リンドウ

竜胆

紅紫青色系

花4~5cm

葉3~8cm

高さ20~70cm

リンドウ科。花は9〜11月。秋に採取した根を乾燥したものを漢方では竜胆（りゅうたん）といいます。春に咲くフデリンドウ（筆竜胆）は花先が筆に似ているからですが、実はどのリンドウも筆に似ています。

| 見られる所 | 1号 | 2号 | 3号 | 4号 | 5号 | 6号 | 稲荷 | 梅蛇 | 日影 |

ツルリンドウ

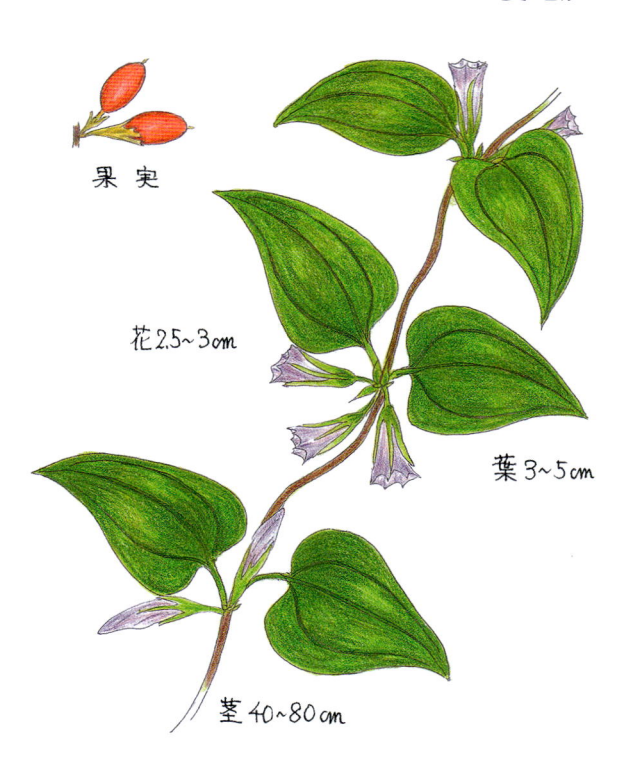

蔓竜胆

果実

花 2.5～3cm

葉 3～5cm

茎 40～80cm

紅紫青色系

リンドウ科。花は8～10月。艶のある真っ赤な果実が美しく、見た人を喜ばせます。花もシットリとした落ち着きがあり、葉にも艶があります。蔓は地面を這い、時に他の植物にからみついてのびています。

見られる所	1号	2号	3号	4号	5号	6号	稲荷	梅蛇	日影

センブリ

千振

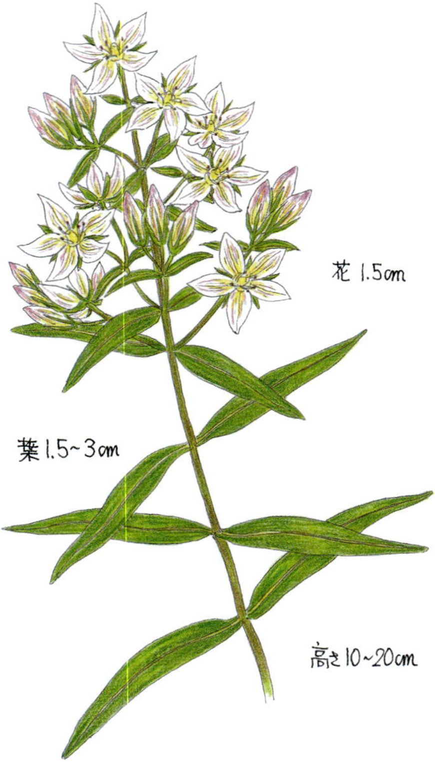

紅紫青色系

花 1.5cm

葉 1.5~3cm

高さ 10~20cm

リンドウ科。花は9〜11月。古くから、乾燥したものを煎じて飲む胃腸薬として有名です。千回煎じてもまだ苦味が出ることが名の由来です。花は日の当たるときだけ開いています。

| 見られる所 | 1号 | 2号 | 3号 | 4号 | 5号 | 6号 | 稲荷 | 梅蛇 | 日影 |

カワラナデシコ

河原撫子

花3〜5cm

葉3〜9cm

高さ30〜80cm

紅紫青色系

ナデシコ科。花は6〜9月。秋の七草のひとつのナデシコのことです。日当たりのよい草地や河原で見られます。群生している花は目を引き、やさしい気持ちにさせてくれます。

| 見られる所 | 1号 | 2号 | 3号 | 4号 | 5号 | 6号 | 稲荷 | 梅蛇 | 日影 |

秋

ヌスビトハギ

盗人萩

紅紫青色系

花 0.3~0.4cm

葉 4~8cm

高さ 60~120cm

マメ科。花は7～9月。名は、果実の形を忍び足で歩く盗人の足跡に見立てたものです。花は小さいのですが長く美しい花穂が素敵です。フジカンゾウと間違うことが多いので葉の形の違いに注意してください。

| 見られる所 | 1号 | 2号 | 3号 | 4号 | 5号 | 6号 | 稲荷 | 梅蛇 | 日影 |

フジカンゾウ

藤甘草

花 0.8cm

葉 4〜8cm

高さ 50〜150cm

紅紫青色系

マメ科。花は8〜9月。ヌスビトハギと間違えると冤罪事件になりますから、判定は慎重にお願いします。葉の形の違いを確認してください。細かい葉脈がはっきりしているところも参考にしてください。

| 見られる所 | 1号 | 2号 | 3号 | 4号 | 5号 | 6号 | 稲荷 | 梅蛇 | 日影 |

秋

ヤブマメ

藪豆

紅紫青色系

花1.5~2cm

葉3~6cm

マメ科。花は9〜10月。つる性で林のふちや藪から外を窺うように咲いています。遠慮深そうに咲いている紫色の花はなかなかきれいです。鞘にはウズラの卵みたいな果実ができます。

| 見られる所 | 1号 | 2号 | 3号 | 4号 | 5号 | 6号 | 稲荷 | 梅蛇 | 日影 |

ミズヒキ

水引

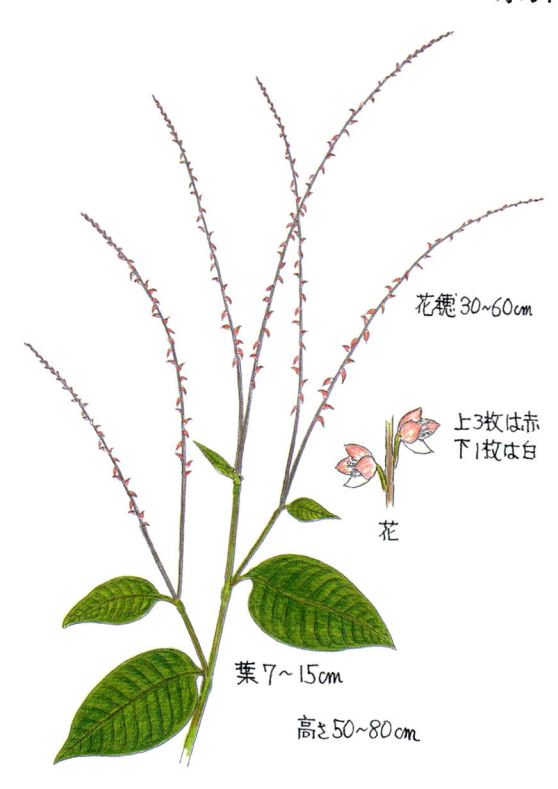

秋

紅紫青色系

花穂 30～60cm

上3枚は赤
下1枚は白

花

葉 7～15cm

高さ 50～80cm

タデ科。花は 8 ～10月。半日陰に多く生えています。花茎を上から見ると赤い紐、下から見ると白い紐、それで水引です。これは花の上部が赤く、下部が白いことによります。

見られる所	1号	2号	3号	4号	5号	6号	稲荷	梅蛇	日影

ポントクタデ

ぽんとく蓼

紅紫青色系

花穂 5～10cm

高さ 70～100cm

葉 5～10cm

タデ科。花は9〜10月。ミゾソバやヤナギタデと同じようなところに生えています。名の由来はよくわかりませんが、食用にならないポンツクな蓼からきたと聞いたことがあります。

| 見られる所 | 1号 | 2号 | 3号 | 4号 | 5号 | 6号 | 稲荷 | 梅蛇 | 日影 |

ヤナギタデ

柳蓼

花穂 4~10cm

葉 3~10cm

高さ 30~80cm

紅紫青色系

タデ科。花は7～10月。「蓼食う虫も好き好き」はこのタデのことです。名は葉がヤナギに似ていることからです。葉に辛味があり食用にできる唯一のタデなのでホンタデ（本蓼）とも呼ばれます。秋には全体が紅葉します。

| 見られる所 | 1号 | 2号 | 3号 | 4号 | 5号 | 6号 | 稲荷 | 梅蛇 | 日影 |

秋

ミゾソバ

溝蕎麦

紅紫青色系

花0.4~0.7cm

葉4~10cm

高さ30~100cm

タデ科。花は7～10月。水辺の湿ったところに群生しています。葉がソバの葉に似ていることからの名ですが、牛の顔にも似ているのでウシノヒタイ（牛の額）の別名もあります。

| 見られる所 | 1号 | 2号 | 3号 | 4号 | 5号 | 6号 | 稲荷 | 梅蛇 | 日影 |

シュウメイギク

秋明菊

花4〜6cm

高さ50〜80cm

紅紫青色系

キンポウゲ科。花は9〜10月。菊と名がついていますが、キンポウゲ科の野草で、昔、中国から入ったといわれています。今は野生化し各地で見られます。京都の貴船（地名）に多く見られたのでキブネギク（貴船菊）の名もあります。

見られる所	1号	2号	3号	4号	5号	6号	稲荷	梅蛇	日影
									●

秋

ツリフネソウ

釣舟草

紅紫青色系

花3~4cm

葉5~8cm

高さ60~80cm

ツリフネソウ科。花は7〜9月。初めて見た人は名のとおりなので納得し、その造りに感心し、足を止めている人が必ずいます。名も形も特徴があるので一度見たら忘れない野草です。

| 見られる所 | 1号 | 2号 | 3号 | 4号 | 5号 | 6号 | 稲荷 | 梅蛇 | 日影 |

クワクサ

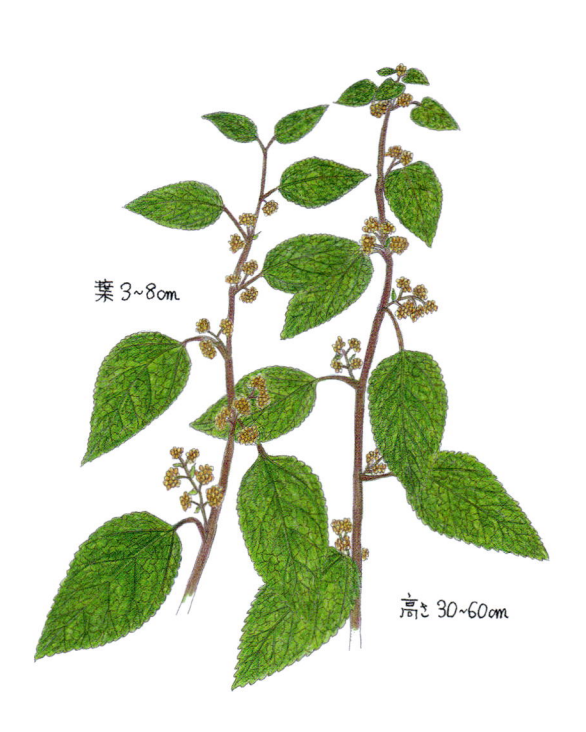

桑草

秋

紅紫青色系

葉 3〜8cm

高さ 30〜60cm

クワ科。花は9〜10月。葉がクワの葉に似ています。クワを見慣れた人なら見つけられますが普通は見過ごされてしまいます。花も葉の付け根に隠れるように咲き目立ちません。葉のざらつきもクワと似ています。

見られる所	1号	2号	3号	4号	5号	6号	稲荷	梅蛇	日影
	1号	2号	3号	4号	5号	6号		梅蛇	日影

ワレモコウ

吾木香

紅紫青色系

花穂 1~2cm
葉 4~6cm
高さ 50~100cm

バラ科。花は8～10月。日当たりのよい草地などで見られます。花がおもしろいので生け花にもよく使われます。葉にスイカのような香りもありますが、名の香りとの関係はわかりません。

見られる所	1号	2号	3号	4号	5号	6号	稲荷	梅蛇	日影
									●

ノダケ

野竹

秋

紅紫青色系

高さ 80〜150cm

セリ科。花は9〜11月。背が高く、葉や茎が赤くなり、葉柄の基部がふくらむのでわかりやすく、暗紅紫色の花が目立ちます。林の下や草地などによく生えています。大型で花の大きいシシウドも見られます。

| 見られる所 | 1号 | 2号 | 3号 | 4号 | 5号 | 6号 | 稲荷 | 梅蛇 | 日影 |

ホトトギス

杜鵑草

紅紫青色系

花 2.5〜3cm

葉 8〜18cm

高さ 40〜100cm

ユリ科。花は8〜9月。花に斑点があり、これを野鳥のホトトギスの胸の斑点に見立てた名です。花の多いホトトギスは庭の植栽としても多く使われています。高尾山では6号路にたくさん見られます。

見られる所	1号	2号	3号	4号	5号	6号	稲荷	梅蛇	日影

ヤマホトトギス

山杜鵑草

秋

紅紫青色系

花2.5~3cm

葉8~13cm

高さ40~70cm

ユリ科。花は7～9月。ホトトギスと同じように庭にもよく植えられています。ホトトギスとよく似ていますが花のつき方が違います。林の下の湿ったところに群生しています。

| 見られる所 | 1号 | 2号 | 3号 | 4号 | 5号 | 6号 | 稲荷 | 梅蛇 | 日影 |

シュウカイドウ

秋海棠

紅紫青色系

葉15〜25cm

高さ60〜80cm

シュウカイドウ科。花は8〜10月。中国原産で、日本へは江戸時代に入ってきました。左右大きさの異なる葉がおもしろい特徴です。湿った石垣などから花や葉が垂れていてよく目立ちます。

見られる所	1号	2号	3号	4号	5号	6号	稲荷	梅蛇	日影

ヒガンバナ

彼岸花

紅紫青色系

花の時期 葉はない

花茎 30~50cm

葉 30~60cm

ヒガンバナ科。花は9月。秋の彼岸ごろに咲くので彼岸花。マンジュシャゲ（曼殊沙華—天上に咲く花の意味）などいろいろな名があって、地方名は500以上もあるそうです。花の時期には葉が枯れてありません。

| 見られる所 | 1号 | 2号 | 3号 | 4号 | 5号 | 6号 | 稲荷 | 梅蛇 | 日影 |

ツルボ

蔓穂

紅紫青色系

花茎 20~40cm

花 0.6~0.8cm

葉 15~25cm

ユリ科。花は8～9月。これがなぜ蔓とつくのかわかりません。花は下から咲き上がります。ユリ科の野草ですが、いわゆるユリとはかけ離れた形をしています。やさしくて品もよくファンの多い野草です。

| 見られる所 | 1号 | 2号 | 3号 | 4号 | 5号 | 6号 | 稲荷 | 梅蛇 | 日影 |

シモバシラ

霜柱

白色系

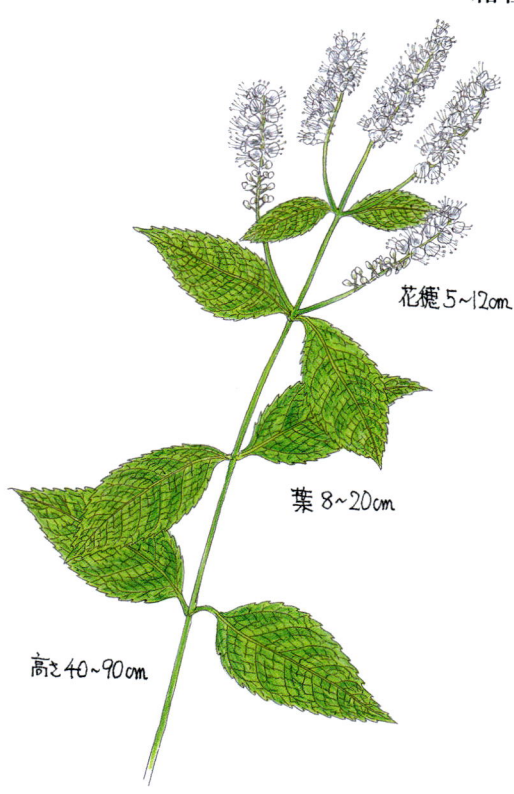

花穂 5〜12cm

葉 8〜20cm

高さ 40〜90cm

シソ科。花は9〜10月。名は、枯れた茎に霜柱が立ちやすいことによるものです。霜柱が立ちやすい野草にはシロヨメナ、カシワバハグマ、アズマヤマアザミなどもあります。

見られる所	1号	2号	3号	4号	5号	6号	稲荷	梅蛇	日影

秋

テンニンソウ

天人草

白色系

花穂 10〜20cm

葉 10〜25cm

高さ 100cm

シソ科。花は9〜10月。大きな葉と大きな花はよく目立ちます。名からやさしい感じの野草を想像しますが、むしろたくましさを感じさせます。林のふちなどに群生しています。

| 見られる所 | 1号 | 2号 | 3号 | 4号 | 5号 | 6号 | 稲荷 | 梅蛇 | 日影 |

リュウノウギク

竜脳菊

白色系

花 2.5~3cm

葉 4~8cm

高さ 40~80cm

キク科。花は10~11月。竜脳とは樟脳と同じような香りがするアルコール類です。茎や葉にこの香りがあります。乾燥した葉や茎を細かくくだいて袋に入れお風呂に浮かべると、神経痛、リュウマチ、腰痛に効くといわれています。

見られる所	1号	2号	3号	4号	5号	6号	稲荷	梅蛇	日影
									●

ノブキ

野蕗

白色系

葉10〜20cm

高さ50〜80cm

キク科。花は8〜10月。いたるところに生えています。フキと間違うことよりもウスゲタマブキとの混同が多いようです。ノブキの葉は丸みがあり、ウスゲタマブキの葉は三角に近い形です。

見られる所	1号	2号	3号	4号	5号	6号	稲荷	梅蛇	日影

秋

ウスゲタマブキ
薄毛珠蕗

白色系

高さ50〜100cm
葉10〜15cm

キク科。花は8〜10月。ノブキと同じようなところに生え、よく似ているのでノブキとして通り過ぎてしまいます。名は葉柄の基部にムカゴ（珠芽）がつき、これを珠と表現したものです。

| 見られる所 | 1号 | 2号 | 3号 | 4号 | 5号 | 6号 | 稲荷 | 梅蛇 | 日影 |

シロヨメナ

白嫁菜

葉 1.5~2cm

葉 6~12cm

高さ 70~100cm

キク科。花は8～11月。高尾山の各コースで出迎えてくれます。葉脈の3本（3行脈という）が目立つのが特徴です。花が白くてヨメナに似ているのでこの名がありますが、私はそれほど似ていないと思います。

| 見られる所 | 1号 | 2号 | 3号 | 4号 | 5号 | 6号 | 稲荷 | 梅蛇 | 日影 |

シラヤマギク

白山菊

秋

白色系

花 1.8〜2.4cm

葉 9〜24cm

高さ 100〜150cm

キク科。花は 8 〜 10 月。花の舌状花が 4 〜 6 枚あるか確認してください。次にシロヨメナと間違えないよう葉脈の形を比べてください。若い葉はヨメナに対してムコナ（婿菜）とも呼ばれるそうです。

| 見られる所 | 1号 | 2号 | 3号 | 4号 | 5号 | 6号 | 稲荷 | 梅蛇 | 日影 |

ヒヨドリバナ

鵯花

白色系

葉 10〜18cm

高さ 100〜200cm

キク科。花は8〜10月。背が高くよく目立ち、力強い印象があります。ヒヨドリの鳴くころ咲くのが名の由来です。やや乾いたところに生えます。花は普通、白色ですが、淡紅色のものも見られます。

見られる所	1号	2号	3号	4号	5号	6号	稲荷	梅蛇	日影

オケラ

朮

秋

花 1.5〜2cm

白色系

葉 4〜6cm

高さ 30〜80cm

キク科。花は9〜10月。やや乾いたところに生えています。花の周りに魚の骨のような苞があり、見た人はその出来栄えに感心してしまいます。きれいな花とはいえませんが、ぜひ探してみてください。

| 見られる所 | 1号 | 2号 | 3号 | 4号 | 5号 | 6号 | 稲荷 | 梅蛇 | 日影 |

カシワバハグマ

柏葉白熊

白色系

花 1.7〜2.7cm

葉 10〜20cm

葉は茎の中央部に集ってつく

高さ 30〜70cm

キク科。花は9〜11月。ハグマとはお坊さんが持つ仏具の払子（ほっす）の毛のことで、ヤクの毛で作ります。花がこの払子に似ていることからの名です。林の下などでよく見かけます。

見られる所	1号	2号	3号	4号	5号	6号	稲荷	梅蛇	日影

オクモミジハグマ

奥紅葉白熊

白色系

葉 6〜12cm
高さ 40〜80cm
葉は茎の中央部に集ってつく

キク科。花は8〜10月。カシワバハグマと並んで生えていたりします。そのときは葉のカシワとモミジの違いをはっきり見比べてください。葉が茎の中央部に輪生状につくことも特徴です。

| 見られる所 | 1号 | 2号 | 3号 | 4号 | 5号 | 6号 | 稲荷 | 梅蛇 | 日影 |

秋

キッコウハグマ

亀甲白熊

白色系

花 1cm

高さ 10~30cm

葉 1~3cm

キク科。花は9〜10月。葉の形は変化が多く一概にはいえませんが、亀の甲羅に似ています。やや乾いた林の下などに群生しています。高尾山では稲荷山コース上部でよく見られます。

| 見られる所 | 1号 | 2号 | 3号 | 4号 | 5号 | 6号 | 稲荷 | 梅蛇 | 日影 |

ヨモギ

蓬

白色系

葉 6〜12cm

高さ 50〜120cm

キク科。花は9〜10月。草餅に用いることでよく知られモチグサ（餅草）とも呼ばれます。お灸のモグサは葉の裏の綿毛を乾燥したものです。花はハーモニカのように並んでいっぱいつくのでおもしろく感じます。

| 見られる所 | 1号 | 2号 | 3号 | 4号 | 5号 | 6号 | 稲荷 | 梅蛇 | 日影 |

秋

ホウキギク

箒菊

白色系

花0.5〜0.6cm

葉 6〜10cm

高さ 50〜120cm

キク科。花は8〜10月。北アメリカ原産。確かに箒を連想させる野草です。きれいな花とはいえませんが、形がおもしろいので名の由来を楽しんでほしいと思います。空き地や道端などに生えています。

見られる所	1号	2号	3号	4号	5号	6号	稲荷	梅蛇	日影

ヒメムカシヨモギ

姫昔蓬

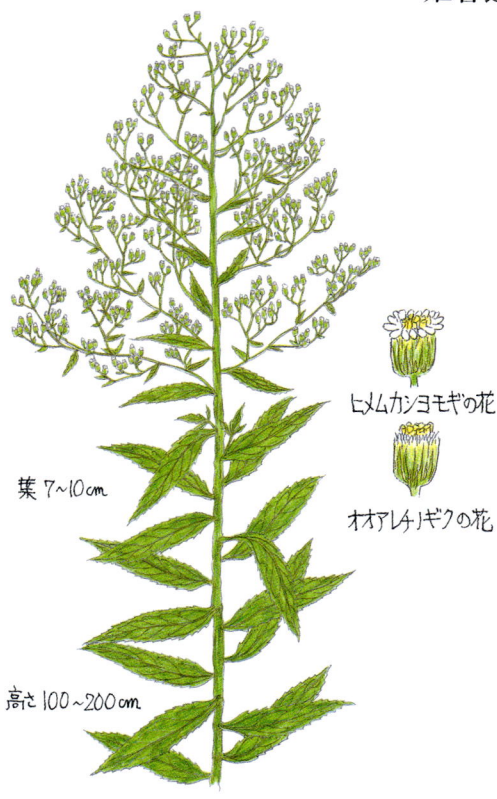

秋

白色系

葉 7〜10cm

高さ 100〜200cm

ヒメムカシヨモギの花

オオアレチノギクの花

キク科。花は8〜10月。北アメリカ原産。花も美しくなく、枯れるとさらに汚くなり、レッドカードと言いたくなります。よく似たオオアレチノギク（大荒れ地野菊）は舌状花がほとんど見えません。

| 見られる所 | 1号 | 2号 | 3号 | 4号 | 5号 | 6号 | 稲荷 | 梅蛇 | 日影 |

秋

ヒヨドリジョウゴ

鵯上戸

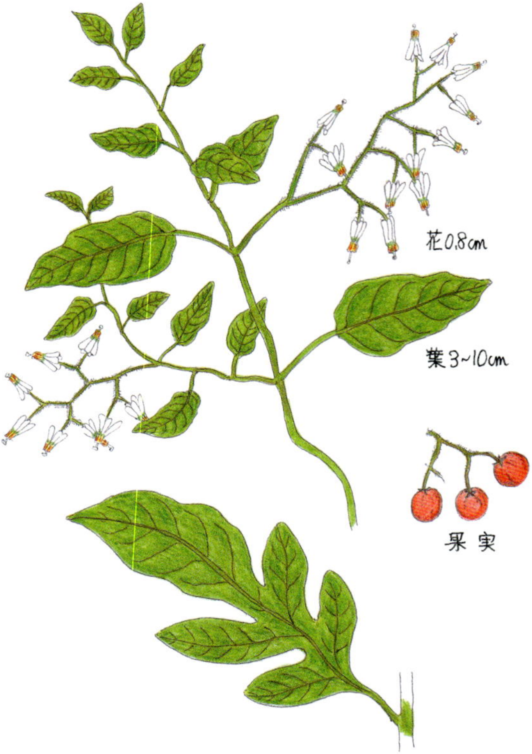

白色系

花 0.8cm

葉 3〜10cm

果実

ナス科。花は8〜9月。つる性。林や藪の中で見られます。果実が真っ赤に熟し目立ちます。この赤い実をヒヨドリが好むのが名の由来です。花のときは見つからなくても、果実のときに気がつきます。

| 見られる所 | 1号 | 2号 | 3号 | 4号 | 5号 | 6号 | 稲荷 | 梅蛇 | 日影 |

イヌホオズキ

犬酸漿

花 0.6〜0.7cm

白色系

葉 3〜10cm

高さ 30〜60cm

ナス科。花は8〜10月。街の中の道端でもよく見られます。花の時期には果実も一緒につくことが多く、熟すと真っ黒になります。花は花弁が反りかえり、かわいさがあります。

| 見られる所 | 1号 | 2号 | 3号 | 4号 | 5号 | 6号 | 稲荷 | 梅蛇 | 日影 |

秋

サラシナショウマ

晒菜升麻

白色系

高さ60~120cm

花柄あり

葉3~8cm

キンポウゲ科。花は8～10月。升麻とは漢方のサラシナショウマの根茎のことで、解熱・解毒の薬です。晒菜は若芽を茹でて水で晒して食べたことからです。白く長い花穂はよく目立ち、他のショウマとは風格の違いを感じます。

| 見られる所 | 1号 | 2号 | 3号 | 4号 | 5号 | 6号 | 稲荷 | 梅蛇 | 日影 |

イヌショウマ
犬升麻

花柄なし

高さ 50〜80cm

葉 5〜10cm

白色系

キンポウゲ科。花は7〜9月。サラシナショウマと似ていますが、役に立たない意味を犬と表現したものです。花がよく似ているサラシナショウマ、オオバショウマとは葉のつき方と大きさで見分けられます。

見られる所	1号	2号	3号	4号	5号	6号	稲荷	梅蛇	日影

秋

オオバショウマ

大葉升麻

白色系

花柄なし

高さ50～100cm

葉7～20cm

キンポウゲ科。花は8～9月。サラシナショウマ、イヌショウマ、オオバショウマは花がよく似ています。葉のつき方や大きさだけでも十分見分けられますが、サラシナショウマの花には柄があります。

見られる所	1号	2号	3号	4号	5号	6号	稲荷	梅蛇	日影

オオヤマハコベ

大山繁縷

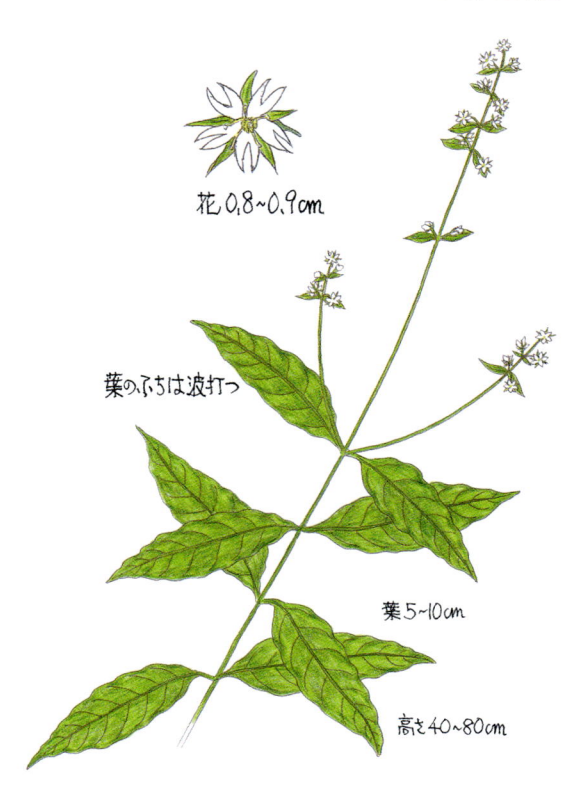

花 0.8〜0.9cm

葉のふちは波打つ

葉5〜10cm

高さ40〜80cm

白色系

ナデシコ科。花は8〜10月。花が小さく目立ちませんが、葉が波打っているのですぐにわかります。小さな花弁は春に咲くハコベと同じように2つに裂けています。これでナデシコの仲間と納得できます。

見られる所	1号	2号	3号	4号	5号	6号	稲荷	梅蛇	日影

ミヤマタニソバ

深山谷蕎麦

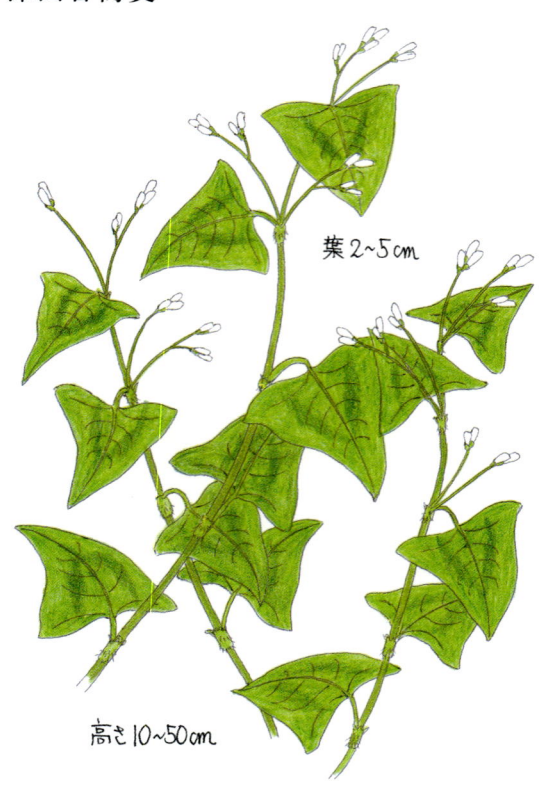

葉 2~5cm

高さ 10~50cm

タデ科。花は7～10月。湿った道端にごく小さい花が咲いています。足元に気をつけて三角の葉を探してください。葉には黒っぽい八の字の模様があります。それでも気がつかず通り過ぎるほど小さな花です。

| 見られる所 | 1号 | 2号 | 3号 | 4号 | 5号 | 6号 | 稲荷 | 梅蛇 | 日影 |

タニソバ

谷蕎麦

白色系

葉 1～5cm

高さ 10～40cm

タデ科。花は7～10月。湿った日当たりのよいところに生えています。葉の柄には大きめの翼があるのが特徴で、茎や葉は赤みを帯びています。街の中でもよく見かけます。

見られる所	1号	2号	3号	4号	5号	6号	稲荷	梅蛇	日影
						●			

秋

ヤマゼリ

山芹

白色系

高さ50~100cm

葉3~6cm

セリ科。花は7～10月。沢沿いのいたるところで見られます。小さな花が傘のように広がっているので目を引きます。セリの葉に似ていることからこの名がつきました。

| 見られる所 | 1号 | 2号 | 3号 | 4号 | 5号 | 6号 | 稲荷 | 梅蛇 | 日影 |

シラネセンキュウ
白根川芎

秋

白色系

葉 3～6cm

高さ 80～150cm

セリ科。花は 9～10月。林の中の湿ったところに生えています。傘のように咲く花がみごとで、花を裏から見ると形の出来栄えがよくわかります。散状形花序はヤマゼリよりはるかに大型です。

| 見られる所 | 1号 | 2号 | 3号 | 4号 | 5号 | 6号 | 稲荷 | 梅蛇 | 日影 |

秋

マツカゼソウ

松風草

白色系

花 0.2cm

葉 1〜3cm

高さ50〜80cm

ミカン科。花は8〜10月。やさしい印象をうける野草です。白い花もやさしく繊細ですが、葉もまた美しく感じます。名も素敵で命名者に拍手をしたくなるほどです。ごく普通に見られます。

見られる所	1号	2号	3号	4号	5号	6号	稲荷	梅蛇	日影
		2号							

キジョラン

鬼女蘭

秋

白色系

葉 7〜12cm

花 0.4cm

葉は厚く光沢がある

ガガイモ科。花は8〜9月。常緑のつる性野草。名は果実が熟すと出す白い毛を、髪を振り乱した鬼女に見立てたものです。遠く九州までも飛ぶ蝶、アサギマダラの食草としても知られています。

見られる所	1号	2号	3号	4号	5号	6号	稲荷	梅蛇	日影

コスモス

秋桜

その他

高さ150cm

キク科。花は9〜10月。メキシコ高地原産。風に揺られてやさしい印象ですが、葉を揉むと特殊な臭いがします。意外な臭いももっていたのです。それでもコスモスは秋を代表する草です。

見られる所	1号	2号	3号	4号	5号	6号	稲荷	梅蛇	日影

イラクサ

刺草

秋

その他

葉5〜12cm

高さ40〜100cm

イラクサ科。花は9〜10月。葉や茎には蓚酸を含む硬い刺があり、うっかり刺さると痛くて大変です。よく似たムカゴイラクサ（零余子刺草）は葉の付け根にムカゴがつきます。

見られる所	1号	2号	3号	4号	5号	6号	稲荷	梅蛇	日影

カラムシ

茎蒸

その他

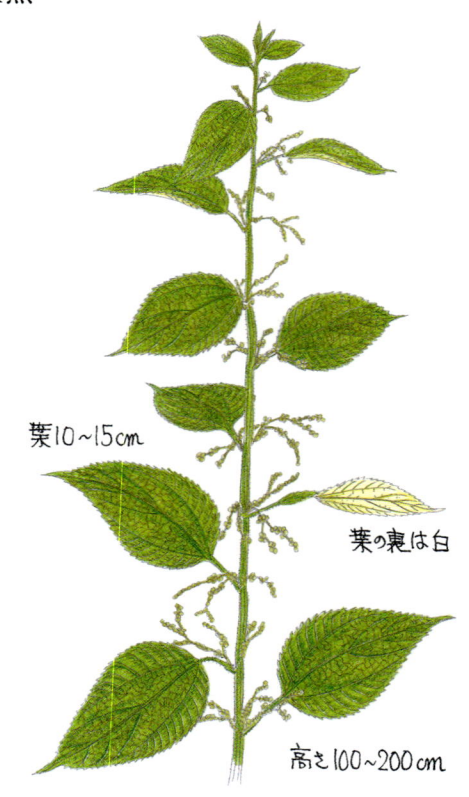

葉10〜15cm

葉の裏は白

高さ100〜200cm

イラクサ科。花は7〜9月。昔、茎を蒸して皮を剥ぎ繊維をとったことからこの名がつきました。日の当たるところのカラムシの葉の裏は真っ白ですから葉をめくって見てください。クサマオ(草苧麻)ともいいます。

| 見られる所 | 1号 | 2号 | 3号 | 4号 | 5号 | 6号 | 稲荷 | 梅蛇 | 日影 |

ヤブマオ

秋

藪苧麻

その他

葉10〜15cm

高さ100〜120cm

イラクサ科。花は8〜10月。緑色の大きな花穂を伸ばしていますからすぐわかります。イラクサより大型です。よく似ていて葉のギザギザが荒いものはメヤブマオ（雌藪苧麻）です。両者ともよく見られます。

見られる所	1号	2号	3号	4号	5号	6号	稲荷	梅蛇	日影

ヒナタイノコヅチ

日向猪子槌

秋

その他

葉 10~15cm

高さ 70~90cm

ヒユ科。花は8〜9月。ヒカゲイノコヅチと同様ハイカーの関心度は最低ランクです。ヒカゲイノコヅチとの違いを確認してみてください。種子は動物の毛などにくっついて運ばれます。街の中でもよく見かけます。

| 見られる所 | 1号 | 2号 | 3号 | 4号 | 5号 | 6号 | 稲荷 | 梅蛇 | 日影 |

ヒカゲイノコヅチ

日陰猪子槌

秋

その他

葉 5~15cm

高さ 50~100cm

ヒユ科。花は8～9月。名のとおり日の当たらないところに生えています。種子は動物の毛などにくっついて運ばれます。名は茶色にふくれた節を猪の踵にたとえたもので、単にイノコヅチとも呼ばれます。

| 見られる所 | 1号 | 2号 | 3号 | 4号 | 5号 | 6号 | 稲荷 | 梅蛇 | 日影 |

イヌビユ

犬莧

その他

花 数ミリ

葉 1~5cm

高さ 30~40cm

ヒユ科。花は6〜11月。原産地不明ですが世界中に分布しています。花が地味で見向きもされませんが、花壇を飾るケイトウ（鶏頭）と同じ仲間なのです。よく見ればケイトウの面影を感じることでしょう。

| 見られる所 | 1号 | 2号 | 3号 | 4号 | 5号 | 6号 | 稲荷 | 梅蛇 | 日影 |

エノキグサ

榎草

葉3~8cm

高さ30~50cm

トウダイグサ科。花は8～10月。葉はエノキの葉によく似ています。花は小さく全く目立ちません。街の中の道端にも生えていますが、注意していないと見つけることができません。

| 見られる所 | 1号 | 2号 | 3号 | 4号 | 5号 | 6号 | 稲荷 | 梅蛇 | 日影 |

秋

チヂミザサ

縮み笹

その他

葉 3〜7cm

高さ 10〜30cm

イネ科。花は8〜10月。葉がササに似ていて、その葉が縮んでいるので一目でわかります。林の下などに群生しています。見つけると皆さん嬉しそうに触ったりします。芒（のぎ）の赤味に愛嬌があります。

| 見られる所 | 1号 | 2号 | 3号 | 4号 | 5号 | 6号 | 稲荷 | 梅蛇 | 日影 |

コブナグサ

小鮒草

その他

葉 2〜6cm

高さ 20〜50cm

イネ科。花は9〜11月。小さくてかわいい穂が人気で、葉の形を鮒に見立てた名です。八丈島ではカリヤス（刈安）と呼んで黄八丈の染料として使います。やや湿ったところに生えます。

| 見られる所 | 1号 | 2号 | 3号 | 4号 | 5号 | 6号 | 稲荷 | 梅蛇 | 日影 |

秋

エノコログサ

狗尾草

その他

花穂 3〜6cm

葉 10〜20cm

高さ 30〜80cm

イネ科。花は8〜11月。誰でも知っている草です。名は狗犬の尾にたとえたものですが、別名ネコジャラシのほうが一般的です。この仲間の英名は foxtail grass（キツネの尾）。同じような感覚ですね。

| 見られる所 | 1号 | 2号 | 3号 | 4号 | 5号 | 6号 | 稲荷 | 梅蛇 | 日影 |

キンエノコロ

金狗尾

秋

その他

花穂 3~8cm

葉 15~30cm

高さ 30~80cm

イネ科。花は8～10月。小穂の基部が黄金色なので金色に見えます。エノコログサと同じところに生えていることが多いので、両者を混同している人がたくさんいます。注意して見分けてください。

見られる所	1号	2号	3号	4号	5号	6号	稲荷	梅蛇	日影

チカラシバ

力芝

秋

その他

花穂 10~20cm
葉 30~70cm
高さ 50~80cm

イネ科。花は8〜11月。土にしっかり根をはり、うんと力を入れても引き抜けません。葉も花も大きく豪快な感じがして、形の似ているエノコログサとは風格が違います。庭に植える人もいるくらいです。

見られる所	1号	2号	3号	4号	5号	6号	稲荷	梅蛇	日影
								●	●

ジュズダマ

数珠玉

秋

その他

葉 40〜60cm

高さ 100〜200cm

イネ科。花は9〜11月。熱帯アジア原産。水辺の近くに群生しています。女の子は紫や青の果実に糸を通して数珠や首飾りにして遊んだことがあることでしょう。別名トラムギ（寅麦）。ハトムギは近い仲間です。

| 見られる所 | 1号 | 2号 | 3号 | 4号 | 5号 | 6号 | 稲荷 | 梅蛇 | 日影 |

索 引

ア

アカショウマ 178
アカソ 158
アカネ 226
アカバナ 149
アキカラマツ 125
アキノウナギツカミ 144
アキノキリンソウ 221
アキノタムラソウ 251
アズマイチゲ 78
アズマヤマアザミ 241
アマドコロ 100
アメリカセンダングサ 222
アメリカフウロ 154
アレチウリ 191
イシミカワ 195
イタドリ 179
イチリンソウ 76
イナモリソウ 54
イヌガラシ 19
イヌショウマ 291
イヌタデ 146
イヌトウバナ 127
イヌビエ 205
イヌビユ 306
イヌホオズキ 289

イラクサ 301
イワタバコ 141
ウシハコベ 81
ウスゲタマブキ 277
ウツボグサ 128
ウバユリ 204
ウマノアシガタ 14
ウマノミツバ 180
ウワバミソウ 198
エイザンスミレ 55
エノキグサ 307
エノコログサ 310
エンレイソウ 69
オウギカズラ 40
オオイヌノフグリ 47
オオオナモミ 225
オオカモメヅル 139
オオケタデ 147
オオツメクサ 83
オオバコ 103
オオバショウマ 292
オオブタクサ 193
オオマツヨイグサ 123
オオヤマハコベ 293
オカトラノオ 175
オクモミジハグマ 283

オケラ　281
オダマキ　60
オトギリソウ　120
オドリコソウ　37
オニドコロ　189
オニユリ　164
オヒシバ　207
オヘビイチゴ　23
オミナエシ　227
オヤマボクチ　244
オランダガラシ　85

カ

ガガイモ　138
カキドオシ　35
カキネガラシ　20
カシワバハグマ　282
カタクリ　68
カタバミ　31
カテンソウ　59
カナムグラ　201
カヤツリグサ　212
カラスムギ　111
カラハナソウ　200
カラムシ　302
カワラナデシコ　255
カンアオイ　65
ガンクビソウ　216

カンスゲ　107
カントウタンポポ　6
カントウヨメナ　233
キオン　118
キクイモ　219
ギシギシ　196
キジムシロ　22
キジョラン　299
キッコウハグマ　284
キツネノカミソリ　230
キツネノマゴ　231
キツリフネ　228
キバナアキギリ　214
キュウリグサ　44
キランソウ　39
キリンソウ　29
キンエノコロ　311
キンミズヒキ　122
キンラン　32
クサノオウ　10
クサボタン　142
クズ　143
クルマバナ　129
クワガタソウ　46
クワクサ　265
ケキツネノボタン　15
ゲンノショウコ　152
コアカソ　159

コウゾリナ　117
コオニタビラコ　7
コスモス　300
コチャルメルソウ　61
コニシキソウ　151
コバギボウシ　166
コバンソウ　110
コヒルガオ　137
コブナグサ　309
コメナモミ　224

サ

サイハイラン　72
サラシナショウマ　290
サワギク　116
シオン　238
ジシバリ　4
シモバシラ　273
シャガ　74
ジャコウソウ　245
ジャノヒゲ　165
シュウカイドウ　270
ジュウニヒトエ　38
シュウブンソウ　217
シュウメイギク　263
ジュズダマ　313
シュンラン　106
ショカツサイ　58

シラネセンキュウ　297
シラヤマギク　279
シラン　73
シロツメクサ　91
ジロボウエンゴサク　53
シロヨメナ　278
スイセン　102
スイバ　197
スズメノエンドウ　62
スズメノカタビラ　108
スズメノテッポウ　109
スズメノヤリ　112
スベリヒユ　124
スミレ　56
セイタカアワダチソウ　220
セイバンモロコシ　209
セイヨウカラシナ　17
セキショウ　33
セキヤノアキチョウジ　250
セッコク　96
センダングサ　223
セントウソウ　94
センブリ　254
センボンヤリ　75
ソバナ　135

タ

ダイコンソウ　121

タガラシ　16
タケニグサ　177
タチアオイ　203
タチツボスミレ　57
タツナミソウ　42
タニソバ　295
タネツケバナ　86
タムラソウ　243
チカラシバ　312
チゴユリ　98
チダケサシ　155
チチコグサ　9
チヂミザサ　308
チドメグサ　199
ツメクサ　82
ツユクサ　169
ツリガネニンジン　134
ツリフネソウ　264
ツルカノコソウ　90
ツルニンジン　133
ツルボ　272
ツルリンドウ　253
テンニンソウ　274
トウダイグサ　27
トウバナ　126
ドクダミ　184
トネアザミ　242

ナ

ナギナタコウジュ　249
ナキリスゲ　211
ナズナ　84
ナツトウダイ　26
ナルコユリ　97
ニガナ　3
ニシキソウ　150
ニリンソウ　77
ヌカキビ　210
ヌスビトハギ　256
ネコノメソウ　24
ネジバナ　168
ネズミムギ　208
ノアザミ　50
ノウルシ　28
ノゲシ　5
ノコンギク　234
ノササゲ　229
ノダケ　267
ノハラアザミ　240
ノビル　70
ノブキ　276
ノブドウ　202

ハ

ハエドクソウ　140

ハキダメギク　171
ハグロソウ　232
ハコベ　80
ハシリドコロ　49
ハゼラン　162
ハタザオ　18
ハナイバナ　45
ハナニラ　71
ハナネコノメ　92
ハハコグサ　8
ハルジオン　51
ハンゴンソウ　119
ヒカゲイノコヅチ　305
ヒガンバナ　271
ヒキオコシ　246
ヒトリシズカ　88
ヒナタイノコヅチ　304
ヒメウズ　79
ヒメオドリコソウ　36
ヒメシオン　239
ヒメジョオン　131
ヒメムカシヨモギ　287
ヒヨドリジョウゴ　288
ヒヨドリバナ　280
ヒルガオ　136
ヒルザキツキミソウ　160
ビロードモウズイカ　115
フウセンカズラ　186

フキ　2
フクジュソウ　13
フジカンゾウ　257
フシグロセンノウ　156
フジバカマ　236
ブタクサ　192
フタリシズカ　89
ヘクソカズラ　176
ベニバナボロギク　237
ヘビイチゴ　21
ヘラオオバコ　194
ホウキギク　286
ホウチャクソウ　99
ホソバアキノノゲシ　218
ホタルブクロ　132
ホトケノザ　34
ホトトギス　268
ポントクタデ　262

マ

マツカゼソウ　298
ママコノシリヌグイ　145
マムシグサ　66
ミズタマソウ　183
ミズヒキ　259
ミゾソバ　260
ミゾホオズキ　114
ミチヤナギ　148

ミツバ　181
ミツバフウロ　153
ミミガタテンナンショウ　67
ミヤマカタバミ　95
ミヤマキケマン　11
ミヤマタニソバ　294
ムシトリナデシコ　157
ムラサキカタバミ　64
ムラサキケマン　52
ムラサキサギゴケ　48
ムラサキツメクサ　63
ムラサキツユクサ　170
メノマンネングサ　30
メハジキ　130
メヒシバ　206
モミジガサ　173

ヤ

ヤエムグラ　104
ヤクシソウ　215
ヤナギタデ　261
ヤブガラシ　161
ヤブカンゾウ　163
ヤブジラミ　182
ヤブマオ　303
ヤブマメ　258
ヤブミョウガ　190
ヤブラン　167
ヤブレガサ　172
ヤマゼリ　296
ヤマノイモ　188
ヤマハッカ　247
ヤマハハコ　174
ヤマブキソウ　12
ヤマホトトギス　269
ヤマユリ　187
ヤマルリソウ　43
ユウガギク　235
ユキノシタ　93
ユリワサビ　87
ヨウシュヤマゴボウ　185
ヨゴレネコノメ　25
ヨツバムグラ　105
ヨモギ　285

ラ

ラショウモンカズラ　41
リュウノウギク　275
リンドウ　252
レモンエゴマ　248

ワ

ワニグチソウ　101
ワレモコウ　266

【著者紹介】

開　誠（ひらき　まこと）

　1941年東京生まれ。
　趣味の人たちのための植物観察の会を主宰。東京教育大学（現　筑波大学）で、植物生理学及び菌学を学ぶ。卒業後、キリンビール（株）に入社し、ビール大麦の新品種開発及び植物関連の新事業展開に従事、後にトキタ種苗（株）研究農場長として花や野菜の新品種の育成にたずさわる。この間、日本育種学会賞（グループとして）、日本経済新聞社年間最優秀製品賞（キリンビール社、トキタ種苗社として）受賞。
　退職後、植物教室を開き、高尾山などで植物観察を楽しみながら野草のスケッチをしている。著者自ら大の高尾山ファンで、この10年間、たびたび観察に出かけたときに感じた野草観察の楽しさを、親しみやすく伝えたいと考え本書を著した。
　ホームヘルパー、福祉住環境コーディネーターでもある。

高尾山の野草313種
歩きながら出会える花の手描き図鑑

発 行 日	2004年9月15日　初版 2007年10月25日　3刷
著　　者	開　誠
編集製作	有限会社 じてん社
発 行 者	菅原律子
発 行 所	株式会社 近代出版 〒150-0002　東京都渋谷区渋谷2-10-9 TE03-3499-5191　FAX03-3499-5204 mail@kindai-s.co.jp http://www.kindai-s.co.jp
印 刷 所	株式会社 シナノ
カバーデザイン	轡田昭彦／坪井朋子
校　　正	村田光崇
ＤＴＰ	神原　文（じてん社）

©Makoto Hiraki　2007 Printed in Japan
ISBN978-4-87402-104-0　C2645

開 誠のスケッチ図鑑シリーズ 第2弾

街へ 野山へ
楽しい木めぐり

ポケット スケッチ図鑑616種

開 誠 文・絵

ポケット判 376頁
オールカラー
定価1,995円
（本体1,900円
＋税5％）

いつでも どこでも
ポケットに
散歩のとき 買い物の途中で
ふと見かける木
旅先で ちょっと気になる果実や木の葉
もし その名前が言えたら……
そんなときパラパラめくってください

近代出版